稀疏插值及其在多项式代数中的应用

唐 敏 邓国强 著

北京交通大学出版社
·北京·

内 容 简 介

本书主要介绍了稀疏插值算法及其在多项式代数中的应用，包括经典的稀疏插值算法和改进算法，以及其在多元多项式方程组求解、多元多项式最大公因式计算、组合几何优化问题上的应用。

本书是为数学、计算数学和计算机科学专业的高年级本科生和低年级研究生编写的著作，也可供相关专业的学生、教师及科技工作者参考。

图书在版编目（CIP）数据

稀疏插值及其在多项式代数中的应用/唐敏，邓国强著．—北京 ：北京交通大学出版社，2020.8

ISBN 978 - 7 - 5121 - 4256 - 5

Ⅰ. ① 稀…　Ⅱ. ① 唐… ② 邓…　Ⅲ. ① 近似计算—研究　Ⅳ. ① O242.2

中国版本图书馆 CIP 数据核字（2020）第 120416 号

稀疏插值及其在多项式代数中的应用

XISHU CHAZHI JI QI ZAI DUOXIANGSHI DAISHU ZHONG DE YINGYONG

责任编辑：黎　丹

出版发行：北京交通大学出版社　　电话：010 - 51686414　　http://www.bjtup.com.cn

　　　　　北京市海淀区高梁桥斜街 44 号　　邮编：100044

印 刷 者：艺堂印刷（天津）有限公司

经　　销：全国新华书店

开　　本：170 mm×240 mm　　印张：10.75　　字数：241 千字

版 印 次：2020 年 8 月第 1 版　　2020 年 8 月第 1 次印刷

印　　数：1～1 200 册　　定价：59.00 元

本书如有质量问题，请向北京交通大学出版社质监组反映。对您的意见和批评，我们表示欢迎和感谢。

投诉电话：010 - 51686043，51686008；传真：010 - 62225406；E-mail：press@bjtu.edu.cn。

前　言

多项式系统的研究在代数几何、自动几何定理证明、生物制药、CAD/CAM、CAGD、芯片验证、计算机代数、计算机视觉、机器人和虚拟现实等领域中有着广泛而深远的应用。所有这些都涉及对多项式系统的分析和求解，对于一个多项式系统，求解问题往往归结为消元问题。

结式是消元理论中的一个重要工具。所谓结式，就是一个由原多项式系统的系数所构成的多项式，它等于零的充分必要条件是原多项式系统存在公共零点。正因如此，结式方法的优点，除了它的快速消元能力，还在于它能判定一个多项式系统是否有解。基于结式的消元法被广泛用来求解非线性多项式方程组、微分代数方程组，进行代数和几何推理，广泛应用于自动控制、机器人、信息技术、密码学、卫星轨道控制、医学影像等高新技术领域。如何提高结式的效率一直是国际上结式方面研究的前沿热点，在此方面也有了较多的研究成果，但是由于符号计算固有的计算量大、表达形式复杂等因素仍会导致很多问题计算时间过长甚至失败，所能求解的代数方程组的规模和几何推理的范围仍然有限。

结式消元法不仅是多项式方程组求解的重要研究问题之一，而且对它的研究还有助于一些复杂的组合几何最优化问题的求解。例如著名的 Heymann“尺规作图”问题，说明对几何问题进行推理和证明完全可以转化为对多项式系统的消元，进而通过结式计算完成问题求解。组合几何数学的机械化，因为吴方法和 Zeilberger 算法的有效结合，在过去十几年得到迅速发展，特别是南开大学陈永川等人在组合恒等式的机械化证明、基本超几何级数公式的机器证明等方面的研究。其基本思想是把一个几何命题化为代数命题（即代数方程组），并进一步将代数方程组消元。这些问题的机械化证明本质上归结为设计能有效克服空间复杂度的符号计算新程序，以处理公式推导中的大数据。

为了克服符号计算的高复杂性及中间表达式膨胀问题，在符号计算中引入数值计算方法受到了研究者们的关注。稀疏插值在结式计算上有着重要的应用，在提高符号行列式的计算效率上取得了一定的成效，是一个降低结式计算复杂度的有效方法。例如，Saxena 使用插值法计算 Dixon 结式的行列式；Manocha 利用稀疏多项式插值计算 Macaulay 矩阵的符号行列式；Y. Feng 使用 Zippel 的多元概率插值法计算 Dixon 结式，有效地将符号计算转化为数值计算。

稀疏插值被广泛应用在数学和数值领域及科学和工程领域，比如符号计算、信号处理、图像处理、压缩感知、指数分析、广义特征值问题等。例如，对于目标函数 $f(x)=\alpha_1 x^{100}+\alpha_2$，传统的插值算法需要101个插值点，而稀疏插值仅需4个插值点。在目标函数为多元多项式时，传统插值算法为指数复杂度$O(d^n)$，而稀疏插值可实现多项式复杂度。稀疏插值的研究目标是使用较少的插值点在较低的时间复杂度算法下重构目标函数。

近年来，稀疏插值技术取得了重大进展，对稀疏插值算法的研究主要集中在黑盒问题，插值函数类型从多元多项式、单变元有理函数发展到多元有理函数、多元隐函数等。针对实际问题，需要克服插值点不能随意选取、插值条件无法满足等限制。相比较而言，多元多项式插值的复杂度较低，是基于稀疏插值的多项式代数算法的首选。本书以较大的篇幅论述了稀疏多元多项式插值算法，同时给出了稀疏单变元有理函数插值算法和稀疏多元有理函数插值算法的原理及实现。

本书在稀疏插值的应用上，主要针对多元多项式代数中的一些经典问题，如结式消元和最大公因式计算，具体阐述了如何使用稀疏插值解决一类较为复杂的、单纯依靠符号计算难以完成的多元多项式方程组的求解及多元多项式最大公因式的计算，并解决了若干个复杂度较高的组合几何优化问题。

本书在撰写过程中参阅了国内外大量的计算机代数及稀疏插值有关的著作，从中汲取了许多好的思想，对此向相关作者表示感谢。同时感谢桂林电子科技大学数学与计算科学学院的大力支持。书中部分内容包含了作者及其课题组成员近年来在稀疏插值及其应用方面所取得的研究成果。戚妞妞参与了书稿的文字整理，张永燊、唐宁参与了部分程序的编写，在此一并表示感谢。

本书是作者在稀疏插值算法及其在多项式代数上的应用方面的一个尝试，由于作者水平有限，不可避免地存在这样或那样的错误和不足，殷切希望各位专家和同行提出宝贵意见和建议。

本书受国家自然科学基金（11561015）、广西科技基地和人才专项（桂科AD18281024）、广西高校中青年教师基础能力提升项目（2019KY0210）、广西密码学与信息安全重点实验室研究课题（GCIS201821）资助。

著　者

2020年5月

目 录

第 1 章

预备知识

1.1 有限域上的多项式运算

1.1.1 模算术

考虑一个整数被另一个指定的正整数除时的余数。

定义 1.1 令 a 为整数，m 为正整数，用 $a \bmod m$ 表示 a 被 m 除的余数。

从余数的定义知，$a \bmod m$ 是使 $a=qm+r$ 且 $0 \leqslant r < m$ 的整数 r。

定义 1.2 若 a 和 b 为整数，m 为正整数，如果 m 整除 $a-b$，就说 a 与模 m 同余，用 $a \equiv b \pmod m$ 表示。如果 a 和 b 不是模 m 同余的，就写成 $a \not\equiv b \pmod m$。

注意：$a \equiv b \pmod m$ 当且仅当 $a \bmod m = b \bmod m$。

1.1.2 有限域

阶为 p^n 的有限域一般记为 $GF(p^n)$，GF 表示 Galois 域，是以第一位研究有限域的科学家的名字命名的。

给定一个素数 p，元素个数为 p 的有限域 $GF(p)$ 被定义为整数 $\{0, 1, 2, \cdots, p-1\}$ 的集合 Z_p，其运算为模 p 的算术运算。

集合 Z_n，在模 n 的算术运算下，构成一个交换环。进一步发现，Z_n 中的任一整数有乘法逆元当且仅当该整数与 n 互素。若 n 为素数，Z_n 中所有的非零整数都与 n 互素，因此 Z_n 中所有非零整数都有乘法逆元。

1.1.3 系数在 Z_p 中的多项式运算

考虑这样的多项式，它的系数是域 F 的元素，称其为域 F 上的多项式。这种情况下，容易看出这样的多项式集合是一个环，称为多项式环。也就是说，如果把每个不同的多项式视为集合中的元素，这个集合是一个环。

可以对域上的多项式进行多项式运算，包括除法运算，注意这并不是进行整除。在一个域中，给定两个元素 a 和 b，a 除以 b 的商也是这个域中的一个元素，然而，在非域的环 R 中，普通除法将得到一个商式和余式，这并不是整除。

考虑集合 S 中的除法运算 5/3。如果 S 是有理数集合（是域），那么结果可以简单地表示成 5/3，这是 S 中的一个元素。现在假设 S 是域 Z_7，在这种情况下，

$$5/3=(5\times 3^{-1})\ \mathrm{mod}\ 7=(5\times 5)\ \mathrm{mod}\ 7=4$$

这是一个整除。最后假设 S 是整数集（是环但不是域），那么 5/3 的结果是商为 1，余数为 2：

$$5/3=1+2/3$$
$$5=1\times 3+2$$

因此，除法在整数集上并不是整除。

如果试图在非域系数集上进行多项式除法，那么除法运算并不总是有定义。

如果系数集是整数集，那么 $(5x^2)/(3x)$ 没有结果，因为需要一个值为 5/3 的系数，这个系数集中是没有的。同一个多项式，如果在 Z_7 上进行除法运算，有 $(5x^2)/(3x)=4x$，这在 Z_7 中是一个合法的多项式。

然而，即使系数集是一个域，多项式除法也不一定是整除。一般来说，除法会产生一个商式和一个余式。对于域上的多项式，除法可以重述如下：给定 n 次多项式 $f(x)$ 和 m（$m\leqslant n$）次多项式 $g(x)$，如果用 $g(x)$ 除 $f(x)$，得到一个商式 $q(x)$ 和一个余式 $r(x)$，满足如下关系式：

$$f(x)=q(x)g(x)+r(x) \tag{1-1}$$

各多项式的次数为：

$$\deg f(x)=n$$
$$\deg g(x)=m$$
$$\deg q(x)=n-m$$
$$\deg r(x)\leqslant m-1$$

如果允许有余数，就说域上多项式除法是可以的。

与整数运算相似，可以在式（1-1）中把余式 $r(x)$ 写为 $f(x)\ \mathrm{mod}\ g(x)$，即 $r(x)=f(x)\ \mathrm{mod}\ g(x)$。如果没有余式［即 $r(x)=0$］，那么说 $g(x)$ 整除 $f(x)$，写为 $g(x)\mid f(x)$；等价地，可以说 $g(x)$ 是 $f(x)$ 的一个因式或除式。

对于 $f(x)=x^3+x^2+2$ 且 $g(x)=x^3-x+1$，$f(x)/g(x)$ 产生一个商式 $q(x)=x+2$ 和一个余式 $r(x)=x$，注意到

$$q(x)\ g(x)\ +r(x)\ =(x+2)\ (x^2-x+1)\ +$$
$$x=(x^3+x^2-x+2)\ +x=x^3+x^2+2=f(x)$$

在某些应用领域中，GF(2)上的多项式是最有意义的。在 GF(2)中，加法等价于异或运算，乘法等价于逻辑与运算。而且，模 2 的加法和减法是等价的：

$$1+1=1-1=0;\ 1+0=1-0=1;\ 0+1=0-1=1$$

域 F 上的多项式 $f(x)$ 被称为不可约的（即约的）当且仅当 $f(x)$不能表示为两个多项式的积[两个多项式都在 F 上，次数都低于$f(x)$的次数]。与整数相似，一个不可约多项式也被称为素多项式。

1.2 结　　式

1.2.1 结式的概念

消元理论中一个最重要的方法就是结式方法。所谓结式，就是一个由原多项式系统的系数构成的多项式。如果原多项式系统存在公共零点，则说明这个多项式等于零。可以说，结式理论的灵魂是用线性方法来解决非线性问题。

1. 带余除法

将 K 中的任意两个多项式记为 A 和 B，则也可以在 K 中找到这样的多项式 Q、R，使得以下等式成立

$$A=QB+R$$

其中 $B\neq 0$，$\deg R<\deg B$（阶数关系），或者有 $R=0$，那么 Q 可称为 A 除以 B 的商，R 称为 A 除以 B 的余式，且 Q 和 R 在 K 中是唯一的。

2. 辗转相除法

设 K 中的 n 次和 m 次的多项式分别为

$$f(x)=a_0x^n+a_1x^{n-1}+\cdots+a_n,\ g(x)=b_0x^m+b_1x^{m-1}+\cdots+b_m$$

在上文介绍的带余除法的基础上，辗转相除法可以按照以下形式表示：

$$f(x)=g(x)\ q_1(x)\ +r_1(x)$$
$$g(x)=r_1(x)\ q_2(x)\ +r_2(x)$$

$$r_1(x)=r_2(x)\ q_3(x)\ +r_3(x)$$
$$\vdots$$
$$r_{k-2}(x)=r_{k-1}(x)\ q_k(x)\ +r_k(x)$$
$$r_{k-1}(x)=r_k(x)\ q_{k+1}(x)\ +r_{k+1}(x)$$

并且要求 $r_{k+1}(x)\ \neq 0$。

用 K 表示指定的数域，X 表示数域 K 中变元的集合，$X=\{x_1, x_2, \cdots, x_n\}$，$A$ 表示 K 中不属于 X 中的参变元的集合，即 $A=\{a \mid a\notin X\}$.

设多项式集合 I 是属于 $K[x]$ 的，如果多项式集合 I 能够满足下列三个条件，那么这个多项式集合 I 称为一个理想：

(1) $0\in I$；

(2) 如果 A，$B\in I$，则 $A+B\in I$；

(3) 如果 $A\in I$，则对于任意的 $B\in K\ [x]$，都有 $AB\in I$。

如果 $\{g_1, g_2, \cdots, g_m\}$ 为理想 I 的一组生成元，则可将其记为 $I=<g_1, g_2, \cdots, g_m>$.

根据以上关于理想的定义，对于 n 变元的多项式系统，显然有

$$<f_1, f_2, \cdots, f_{n+1}>\cap K[A]$$

是 $K[A]$中的一个理想 .

定义 1.3（投影算子） 理想$<f_1, f_2, \cdots, f_{n+1}>\cap K[A]$ 中的每个多项式称为 $\{f_1, f_2, \cdots, f_{n+1}\}$ 关于 $\{x_1, x_2, \cdots, x_n\}$ 的投影算子。

定义 1.4（结式） 假设$<f_1, f_2, \cdots, f_{n+1}>\cap K[A]$ 为主理想，则它的生成多项式称为 $\{f_1, f_2, \cdots, f_{n+1}\}$ 关于 $\{x_1, x_2, \cdots, x_n\}$ 的结式。

可用 $\mathrm{Res}(\{f_1, f_2, \cdots, f_{n+1}\}, \{x_1, x_2, \cdots, x_n\})$来表示结式，在不至引起混淆的情况下，也可将其简写为 $\mathrm{Res}(f_1, f_2, \cdots, f_{n+1})$。

在多项式 $f(x)=a_0x^n+a_1x^{n-1}+\cdots+a_n$，$g(x)=b_0x^m+b_1x^{m-1}+\cdots+b_m$的基础上有如下等式：

$$\mathrm{Res}(g(x), r)=r^m$$

需要说明的是，r 为 K 中任意的一个多项式，可以得知，关于$g(x)$和 $r(x)$ 的结式，就是一个 $m\times m$ 阶的行列式，并且 $g(x)$ 的系数不会出现在此行列式之中，此行列式可以写成

$$\mathrm{Res}(g(x), r)=\begin{vmatrix} r & & & \\ & r & & \\ & & \ddots & \\ & & & r \end{vmatrix}=r^m$$

并且还有

$$\mathrm{Res}(f(x),\ g(x))=(-1)^t b_0^{n-l_1} r_{1,0}^{m-l_2} r_{2,0}^{l_1-l_3}\cdots r_{k,0}^{l_{k-1}-l_{k+1}} R(r_k,\ r_{k+1}) \qquad (1-2)$$

其中，根据 $r_i(x)$，找出它的最高次数，就可以求出 l_i，而 $r_{i,0}$是$r_i(x)$首项的系数，而 t 为：

$$t=n\times m+m\times l_1+l_1\times l_2+\cdots+l_{k-1}\times l_k$$

【例 1-1】 有如下的两个简单多项式，求它们的结式。

$$f(x)=2x^5-7x^3+4x^2+5x+3$$
$$g(x)=x^3-3x+1$$

解　对于多项式 $f(x)$，$g(x)$，使用辗转相除法和带余除法

$$x^3-3x+1\,|\,2x^5-7x^3+4x^2+5x+3$$

首先要消去 $2x^5$，所以先取商为 $2x^2$，将其与 x^3-3x+1 相乘再与 $2x^5-7x^3+4x^2+5x+3$ 做减法可得$-x^3+2x^2+5x+3$，

$$\begin{array}{ll} \underline{x^3-3x+1\,|} & \underline{2x^5-7x^3+4x^2+5x+3} \\ 2x^2 & \underline{-\ (2x^5-6x^3+2x^2)} \\ & -x^3+2x^2+5x+3 \end{array}$$

此时得到的这个余式次数明显没有比 x^3-3x+1 小，所以再将$-x^3+2x^2+5x+3$ 中的$-x^3$消去，可得到余式为 $2x^2+2x+4$，

$$\begin{array}{ll} \underline{x^3-3x+1\,|} & \underline{-x^3+2x^2+5x+3} \\ -1 & \underline{-x^3+3x-1} \\ & 2x^2+2x+4 \end{array}$$

此时，余式的次数比 x^3-3x+1 小，所以 $r_1(x)=2x^2+2x+4$。同理，将 x^3-3x+1与 $r_1(x)=2x^2+2x+4$ 相除可得

$$\begin{array}{ll} \underline{2x^2+2x+4\,|} & \underline{x^3-3x+1} \\ \frac{1}{2}x-\frac{1}{2} & -x^3-x^2+2x \\ \hline & \underline{-x^2-5x+1} \\ & \underline{-\ (-x^2-x-2)} \\ & -4x+3 \end{array}$$

余式为 $r_2(x)=-4x+3$，算法结束。此时，$n=5$，$m=3$，$l_1=2$，$l_2=1$，$b_0=1$，$r_{1,0}=2$，由此便可得出 $f(x)$和 $g(x)$的结式为

$$\mathrm{Res}(f(x),\ g(x))=(-1)^{5\times3+3\times2}\times1^{5-2}\times2^{3-1}\times\mathrm{Res}(r_1,\ r_2)$$

$$=-4\begin{vmatrix} 2 & 2 & 4 \\ -4 & 3 & 0 \\ 0 & -4 & 3 \end{vmatrix}=-424$$

1.2.2 Sylvester 结式

Sylvester 在前人的基础上，提出了两个单变元多项式的结式，这个结式的特点是：简单，易操作，所以它出现在很多与高等代数相关的书籍中。那么关于 Sylvester 结式的定义，可以按照如下给出。

1. Sylvester 结式的定义

首先，先给出次数分别为 m 和 l 的两个多项式 $f(x)$ 和 $g(x)$，它们具体表示如下。

$$f(x)=a_m x^m+a_{m-1}x^{m-1}+\cdots+a_0$$
$$g(x)=b_l x^l+b_{l-1}x^{l-1}+\cdots+b_0$$

可以看出，它们的次数分别为 m 和 l。先构造如下所示的一个 $(m+l)\times(m+l)$ 的矩阵，并将其记为 $\mathrm{Syl}(f, g, x)$，

$$\mathrm{Syl}(f, g, x)=\begin{pmatrix} a_m & a_{m-1} & \cdots & a_0 & & & \\ & a_m & a_{m-1} & \cdots & a_0 & & \\ & & & a_m & a_{m-1} & \cdots & a_0 \\ b_l & b_{l-1} & \cdots & b_0 & & & \\ & b_l & b_{l-1} & \cdots & b_0 & & \\ & & & b_l & b_{l-1} & \cdots & b_0 \end{pmatrix}\begin{matrix} \left.\vphantom{\begin{matrix}a\\a\\a\end{matrix}}\right\} l\text{ 行} \\ \left.\vphantom{\begin{matrix}a\\a\\a\end{matrix}}\right\} m\text{ 行} \end{matrix} \tag{1-3}$$

这个 $(m+l)\times(m+l)$ 的矩阵就是所要求的 Sylvester 矩阵，即此矩阵为 $f(x)$ 和 $g(x)$ 关于 x 的 Sylvester 矩阵。需要说明的是，式（1-3）中所有空白的位置都为 0。

Sylvester 结式可以通过将式(1-3)转换为行列式 $|\mathrm{Syl}(f, g, x)|$ 得到，所以可以得到以下定义。

Sylvester 矩阵：矩阵 $\mathrm{Syl}(f, g, x)$ 被称为 $f(x)$ 和 $g(x)$ 关于 $\{x_1, \cdots, x_n\}$ 的 Sylvester 矩阵。

Sylvester 结式：行列式 $|\mathrm{Syl}(f, g, x)|$ 被称为 $f(x)$ 和 $g(x)$ 关于 $\{x_1, \cdots, x_n\}$ 的 Sylvester 结式。

2. Sylvester 结式实例

由以上定义可得到求解 Sylvester 结式的步骤如下。

① 确定多项式中的最高次幂及所有系数，即确定 m 和 l 的值，以及变量的系数。

② 根据式（1-3），通过①所得到的系数，将之构造成一个 $(m+l)\times(m+l)$ 的矩阵，并记为 $\mathrm{Syl}(f, g, x)$。

③ 将②得到的 Syl(f, g, x) 矩阵转化成行列式的形式，也就是|Syl(f, g, x)|，并将行列式|Syl(f, g, x)|的最后结果求出，那么 Sylvester 结式就可以得到。

下面以具体的例子，对求解两个多元多次多项式的 Sylvester 结式的方法与步骤进行详细的说明与解释。

【例 1-2】 有如下的两个简单一元多次多项式，求它们的 Sylvester 结式。

$$A_1=5x^3+6x^2-3x+6$$
$$A_2=9x^2-8x-12$$

解 由式 (1-3) 可将 Sylvester 矩阵求出，其中 $m=3$，$l=2$，系数分别为 $a_3=5$，$a_2=6$，$a_1=-3$，$a_0=6$，$b_2=9$，$b_1=-8$，$b_0=-12$，由此，Syl (A_1, A_2, x) 为

$$\mathrm{Syl}(A_1, A_2, x)=\begin{bmatrix}5 & 6 & -3 & 6 & 0\\ 0 & 5 & 6 & -3 & 6\\ 9 & -8 & -12 & 0 & 0\\ 0 & 9 & -8 & -12 & 0\\ 0 & 0 & 9 & -8 & -12\end{bmatrix}$$

再将这个矩阵转化为行列式可得

$$|\mathrm{Syl}(A_1, A_2, x)|=\begin{vmatrix}5 & 6 & -3 & 6 & 0\\ 0 & 5 & 6 & -3 & 6\\ 9 & -8 & -12 & 0 & 0\\ 0 & 9 & -8 & -12 & 0\\ 0 & 0 & 9 & -8 & -12\end{vmatrix}$$

最后，计算可得结果为

$$|\mathrm{Syl}(A_1, A_2, x)|=293\ 640$$

3. Sylvester 结式软件实现

在实际情况下，需要计算的矩阵都是大型的，人工计算是没有办法实现的，而在计算机技术发展如此迅速的情况下，很多的计算工作都可以交给计算机。下面通过计算机软件进行以下几个例子的计算。

【例 1-3】 求以下两个多项式的 Sylvester 结式。

$$S_1=2x^8+3x^7+6x^5-5x^3+4x^2-6$$
$$S_2=3x^2-9x+4$$

解 此题的 Sylvester 结式通过软件计算更为简单，这里使用 Maple。在 Maple 中编辑以下程序：

```
With(LinearAlgebra);
S1:= 2·x^8+ 3·x^7+ 6·x^5- 5·x^3+ 4·x^2- 6;
S2:= 3·x^2- 9·x+ 4;
A:= SylvesterMartrix(S1, S2, x);
det(A):= Determinant(A);
```

调试并运行可得结果为

$$A:=\begin{bmatrix}2&3&0&6&0&-5&4&0&-6&0\\0&2&3&0&6&0&-5&4&0&-6\\3&-9&4&0&0&0&0&0&0&0\\0&3&-9&4&0&0&0&0&0&0\\0&0&3&-9&4&0&0&0&0&0\\0&0&0&3&-9&4&0&0&0&0\\0&0&0&0&3&-9&4&0&0&0\\0&0&0&0&0&3&-9&4&0&0\\0&0&0&0&0&0&3&-9&4&0\\0&0&0&0&0&0&0&3&-9&4\end{bmatrix}$$

det(A):= - 165153896

这是属于一元多次多项式的情况，可以看到代码和命令都很简单，第一行，调用需要用到的 LinearAlgebra 这个函数包；第二行和第三行，将两个多项式函数表示出来；第四行，调用 Maple 中的函数 SylvesterMatrix（f(x)，g(x)，x)，求出 Sylvester 矩阵；第五行，将得到的 Syl(S_1，S_2，x）矩阵转化成行列式，并将此行列式求出。

【例 1-4】 求以下两个多元多项式的结式。

$$W=12x^6+2y^4-x+8$$
$$M=3y^2+x^2-9$$

解 运行、调试以下的 Maple 程序。

```
with(LinearAlgebra);
W:= 12·x^6+ 2·y^4- x+ 8;
M:= 3·y^2+ x^2- 9;
A:= SylvesterMartrix(W, M, x);
Determinant(A);
```

$$A:=\begin{bmatrix}12&0&0&0&0&-1&2y^4+8&0\\0&12&0&0&0&0&-1&2y^4+8\\1&0&3y^2-9&0&0&0&0&0\\0&1&0&3y^2-9&0&0&0&0\\0&0&1&0&3y^2-9&0&0&0\\0&0&0&1&0&3y^2-9&0&0\\0&0&0&0&1&0&3y^2-9&0\\0&0&0&0&0&1&0&3y^2-9\end{bmatrix}$$

$$104976y^{12}-1890864y^{10}+14183428y^8-56727216y^6+127627520y^4-153194973y^2+76667527$$

可以看出这是二元多次多项式组，运用 Maple 可以很简单地将其计算出来。

1.2.3　Bézout - Cayley 结式

下面介绍一元结式的另一种构造方法：Bézout - Cayley 结式。这个构造方法是由 E. Bézout 和 A. Cayley 首先提出来的，之后被 A. L. Dixon 由一元结式推广到二元结式中。下面将用 Zero(μ) 表示一个多项式组或者多项式系统(μ)的全体公共零点构成的集合。

1. Bézout - Cayley 结式的定义

考虑两个一元多项式 F，$G\in R[x]$，其关于 x 的次数分别是 m 和 l，不妨假设 $m\geqslant l>0$。假设 α 为一个新的变元，那么以下行列式

$$\Delta(x,\alpha)=\begin{vmatrix} F(x) & G(x) \\ F(\alpha) & G(\alpha) \end{vmatrix}$$

中的 $F(\alpha)$和 $G(\alpha)$分别是在 $F(x)$和 $G(x)$表示的基础上，用 α 将 x 替换得到的。$\Delta(x,\alpha)$便是 x 和α 的多项式，并且在 $x=\alpha$ 时，此多项式等于 0。可以求出，$x-\alpha$ 是$\Delta(x,\alpha)$的因子，且有多项式

$$\Lambda(x,\alpha)=\frac{\Delta(x,\alpha)}{x-\alpha} \tag{1-4}$$

需要说明的是，式中 α 的次数为 $m-l$。由于对 α 的任意数值，$\Lambda(x,\alpha)=0$ 对 F 和G 的任一个公共零点$\bar{x}$都是成立，所以作为 α 的多项式$\Lambda(x,\alpha)$ 的所有系数$B_i(x)=\mathrm{coef}(\Lambda,\alpha^i)$，在 $x=\bar{x}$都等于 0。

再考虑以下 m 个关于 x 的多项式方程：

$$B_0=0,\ \cdots,\ B_{m-1}(x)=0 \tag{1-5}$$

式中，$B_i(x)$ 的最高次数为 $m-1$。可将多项式方程组（1 - 5）看作是关于 x^{m-1}，…，x^1，x^0的一个齐次线性方程组，多项式方程组（1 - 5）有公共解当且仅当在它的系数矩阵的行列式 $R=0$。于是，可以得到如下定义。

Bézout - Cayley 结式：多项式方程组（1 - 5）的 m 阶方阵的行列式被称为R 为 F 和G 关于 x 的 Bézout - Cayley 结式。

值得一提的是，在 $m=l$ 时，Bézout - Cayley 结式与 Sylvester 结式是恒等的，但是当 $m>l$ 时，两者相差一个多余因子 $\mathrm{lc}(F,x)^{m-l}$，其中，$\mathrm{lc}(F,x)$ 表示 F 关于 x 的导系数。

由 Bézout - Cayley 结式的定义得知，F 和 G 的每个公共零点都是方程组(1 - 5)的解。由此可得，$R=0$ 是 F 和G 有公共零点的一个必要条件。

2. Bézout - Cayley 结式实例

【例 1 - 5】 一元四次多项式

$$F=x^4+x_1x^3+x_2x^2+x_3x+x_4$$

计算 F 关于 x 的判别式（F 的判别式是 F 与其导数 G 的结式）。

$$G=\frac{\mathrm{d}F}{\mathrm{d}x}=4x^3+3x_1x^2+2x_2x+x_3$$

解 按照 Bézout - Cayley 结式定义中提到的方法，先计算

$$\Lambda=\frac{1}{x-\alpha}\begin{vmatrix} F(x) & G(x) \\ F(\alpha) & G(\alpha) \end{vmatrix}=G\alpha^3+B_2\alpha^2+B_1\alpha+B_0$$

其中

$$B_2=3x_1x^3-(2x_2-3x_1^3)x^2-(3x_3-2x_1x_2)x-4x_4+x_1x_3$$
$$B_1=2x_2x^3-(3x_3-2x_1x_2)x^2-(4x_4+2x_1x_3-2x_2^2)x-3x_1x_4+x_2x_3$$
$$B_0=x_3x^3-(4x_4-x_1x_3)x^2-(3x_1x_4-2x_1x_2)x-2x_2x_4+x_3^2$$

令 Λ 中含有 α 的所有项的系数都为 0，那么可以得到 4 个方程：

$$G=0,\ B_2=0,\ B_1=0,\ B_0=0$$

将这些方程当做是 x^3，x^2，x^1，x^0的一个齐次方程组，它们有公共解的充分必要条件是：这 4 个方程的所有系数构成的矩阵的行列式等于 0，即

$$R=\begin{vmatrix} 4 & 3x_1 & 2x_2 & x_3 \\ 3x_1 & -2x_2+3x_1^2 & -3x_3+3x_1x_2 & -4x_4+x_1x_3 \\ 2x_2 & -3x_3+2x_1x_2 & -4x_4-2x_1x_3+2x_2^2 & -3x_1x_4+x_2x_3 \\ x_3 & -4x_4+x_1x_3 & -3x_1x_3+x_2x_3 & -2x_2x_4+x_3^2 \end{vmatrix}$$
$$=256x_4^3-192x_1x_3x_4^2-128x_2^2x_4^2+144x_1^2x_2x_4^2-27x_1^4x_4^2+$$
$$144x_2x_3^2x_4-6x_1^2x_3^2x_4-80x_1x_2^2x_3x_4+18x_1^3x_2x_3x_4+16x_2^4x_4-$$
$$4x_1^2x_2^3x_4-27x_3^4+18x_1x_2x_3^3-4x_1^3x_3^3-4x_2^3x_3^2+x_1^2x_2^2x_3^2$$
$$=0$$

行列式 R 即为 F 的 Bézout - Cayley 结式。

3. Bézout - Cayley 结式的软件实现

通过 Bézout - Cayley 结式的定义和具体例子，可以将其在 Maple 环境中实现。

【例 1 - 6】 有如下的多项式 F，求其 Bézout - Cayley 结式。

$$F=2x^3+3x^2+12x+7$$

解 根据 Bézout - Cayley 结式的定义将 F 关于 x 的导数赋值给 G，并将

$F(x)$、$G(x)$、$F(\alpha)$、$G(\alpha)$ 组成的矩阵的行列式求出，赋值给 $\Delta(x, \alpha)$，再用 divide 命令求出 $\Delta(x, \alpha)$ 与 $x-\alpha$ 的商，将其赋值给 $\Lambda(x, \alpha)$，使用命令“$\Lambda=$ collect (q, α)”合并 α 的同类项，最后根据 $\Lambda(x, \alpha)$ 的表达式可以得出一个矩阵 $\boldsymbol{K}$，其中 $\boldsymbol{K}$ 的第一列为次数最高的 α 项的系数，此处 α 的最高次数为 2，第二列为 α 的一次项的系数，以此类推，便可构造出矩阵 $\boldsymbol{K}$，最后求出这个矩阵 $\boldsymbol{K}$ 的行列式即可。具体的程序如下。

```
with(LinearAlgebra);
F:= 2•x^3+ 3•x^2+ 12•x+ 7;
G:= d/dx F;
Δ:= Determinant([[F, G], [subs(x= α,F), subs(x= α,G)]]);
Λ:= divide(Δ,x- α,'G');
Λ:= collect(F,G);
K:= [[75, 330, 315], [330, 1548, 1674], [315, 1674, 2187]];
BezoutCayleyResultant:= Determinnant(K);
```

调试、运行可得：

```
F:= 2x^3+ 3x^2+ 12x+ 7
G:= 6x^2+ 6x+ 12
Δ:= - 12α^3x^2+ 12α^2x^3- 12α^3x+ 12αx^3- 24α^3+ 54α^2x- 54αx^2+ 6α^2- 6x^2- 102α+ 102x
Λ:= true
Λ:= (12x^2+ 12x+ 24 ) α^2+ ( 12x^2- 30x- 6 ) α+ 24x^2- 6x+ 102
BezoutCayleyResulttant: = - 38016
```

由此可知，F 的 Bézout - Cayley 结式等于$-38\,016$。

1.2.4　Dixon 结式

1. Dixon 结式的定义

在 Bézout - Cayley 结式的基础上，将其进行推广，推广到三个双变元多项式的情形，即含有变量 x 和 y 的双次数为 (l, m) 的三个多项式，可以将它们记为 F, G 和 H，当然还可以将其推广到其他限制情形。本书此处所提的双指数是指多项式 F, G, $H\in R[x, y]$ 关于 x 和 y 的全次数为 $l+m$，但是关于 x 的次数仅仅为 l，关于 y 的次数仅仅为 m。对于多项式行列式

$$\Delta(x, y, \alpha, \beta)=\begin{vmatrix} F(x, y) & G(x, y) & H(x, y) \\ F(\alpha, y) & G(\alpha, y) & H(\alpha, y) \\ F(\alpha, \beta) & G(\alpha, \beta) & H(\alpha, \beta) \end{vmatrix} \tag{1-6}$$

可以很明显地看出，在用 x 将 α 或者用 y 替换 β 之后，式（1-6）会等于 0。所以 $(x-\alpha)$ 和 $(y-\beta)$ 的乘积是可以整除 $\Delta(x, y, \alpha, \beta)$ 的，即 $(x-\alpha)(y-\beta)|\Delta(x, y, \alpha, \beta)$，从而可知

$$\Lambda(x, y, \alpha, \beta)=\frac{\Delta(x, y, \alpha, \beta)}{(x-\alpha)(y-\beta)}$$

是关于 x，y，α，β 的多项式，并且还可以得出 x，y，α，β 的次数分别为

$$\begin{aligned}&\deg(\Lambda, \alpha)=2l-1\\&\deg(\Lambda, x)=l-1\\&\deg(\Lambda, \beta)=m-1\\&\deg(\Lambda, y)=2m-1\end{aligned}$$

因为对于任意的 $(\bar{x}, \bar{y})\in \mathrm{Zero}(\{F, G, H\})$，$\Lambda(\bar{x}, \bar{y}, \alpha, \beta)=0$ 对 α 和 β 的任意取值都是成立的，所以在系数 $D_{ij}=\mathrm{coef}(\Lambda, \alpha^i, \beta^j)(0\leqslant i\leqslant 2l-1, 0\leqslant j\leqslant m-1)$ 中，$\mathrm{Zero}(\{F, G, H\})$ 是包含于 x 和 y 的所有公共零点所构成的集合之中的。把下列的多项式

$$D_{ij}(x, y)=0, \quad 0\leqslant i\leqslant 2l-1, \quad 0\leqslant j\leqslant m-1$$

看作是 $2lm$ 项

$$x^i y^j(0\leqslant i\leqslant l-1, \quad 0\leqslant j\leqslant 2m-1)$$

的 $2lm$ 个齐次线性方程组，将这些齐次线性方程组表示成矩阵的形式，即

$$\Lambda(x, y, \alpha, \beta)=(x^{l-1}y^{2m-1}\cdots y^{2m-1}\cdots x^{l-1}\cdots 1)\ \boldsymbol{D}\begin{bmatrix}\alpha^{2l-1}\beta^{m-1}\\ \vdots\\ \beta^{m-1}\\ \vdots\\ \alpha^{2l-1}\\ \vdots\\ 1\end{bmatrix} \tag{1-7}$$

式中的 $\boldsymbol{D}$ 是 D_{ij} 中的系数矩阵，那么可以得出如下定义。

Dixon 矩阵：矩阵 $\boldsymbol{D}$ 被称为 $\{F, G, H\}$ 关于 x 和 y 的 Dixon 矩阵。

Dixon 结式：$\{F, G, H\}$ 关于 x 和 y 的 Dixon 结式即为 $\boldsymbol{D}$ 的行列式 $R=|\boldsymbol{D}|$。

2. Dixon 结式实例

【例 1-7】 表达式 F 给出了关于 x 和 y 的三次多项式，求其 Dixon 结式。

$$F=y^2+a_1xy+a_3y-x^3-a_2x^2-a_4x-a_6$$

解 多项式组

$$P=\left\{F,\ \frac{\partial F}{\partial x},\ \frac{\partial F}{\partial y}\right\}$$

关于 x 和 y 的 Dixon 结式 R，也被称为多项式 F 的判别式；$R=0$ 为三次曲线 $F=0$ 有奇点的充分必要条件。如果 $R\neq 0$，那么 $F=0$ 表示的是一个椭圆。

本例的目标是求结式 R，为此首先计算多项式 $\Delta(x,\ y,\ \alpha,\ \beta)$，该多项式有 45 项，可以将它们表示成如下的形式。

$$(xy\quad y\quad x^2\ x\ 1)\begin{bmatrix} 0 & 6 & 0 & 3a_1 & 3a_3 \\ 6 & a_1^2+4a_2 & 6a_1 & d_{24} & d_{25} \\ 0 & 0 & -6 & d_{34} & d_{35} \\ 3a_1 & 3a_3 & 2a_1^2+4a_2 & d_{44} & d_{45} \\ 3a_3 & 2a_2a_3-a_1a_4 & 2a_1a_3-2a_4 & d_{54} & d_{55} \end{bmatrix}\begin{bmatrix}\alpha\beta \\ \beta \\ \alpha^2 \\ \alpha \\ 1\end{bmatrix}$$

其中，

$$\begin{aligned}
d_{24}&=a_1^3+4a_1a_2+3a_3\\
d_{25}&=a_1^2a_3+2a_2a_3+a_1a_4\\
d_{34}&=-a_1^2-4a_2\\
d_{35}&=-a_1a_3-2a_4\\
d_{44}&=-a_1^2a_2-4a_2^2+5a_1a_3+4a_4\\
d_{45}&=-a_1a_2a_3+3a_3^2-2a_2a_4+6a_6\\
d_{54}&=a_1a_2a_3+3a_3^2-a_1^2a_4-2a_2a_4-6a_6\\
d_{55}&=2a_2a_3^2-a_1a_3a_4-2a_4^2+a_1^2a_6+4a_2a_6
\end{aligned}$$

上面提到的 5 阶方阵的行列式为

$$\begin{aligned}
R=18(&72a_2a_3^2a_4+288a_2a_4a_6+72a_1^2a_4a_6-8a_1^2a_2^2a_3^2-12a_1^4a_2a_6+\\
&8a_1^2a_2a_4^2+36a_1a_2a_3^3-30a_1^2a_3^2a_4+36a_1^3a_3a_6-96a_1a_3a_4^2-\\
&48a_1^2a_2^2a_6-a_1^4a2a_3^2+a_1^5a_3a_4+a_1^4a_4^2-a_1^6a_6+a_1^3a_3^3+16a_1a_2^2a_3a_4+\\
&144a_1a_2a_3a_6+8a_1^3a_2a_3a_4-64a_4^3-27a_3^4+16a_2^2a_4^2-\\
&216a_3^2a_6-432a_6^2-64a_2^3a_6-16a_2^3a_3^2)
\end{aligned}$$

这个行列式含有 26 项，它是关于 x 和 y 的 Dixon 结式。该结式可以表示成

$$R=18(-b_2^2b_8-8b_4^3-27d_6^2+9b_2b_4b_6)$$

其中，

$$b_2=a_1^2+4a_2,\ b_4=a_1a_3+2a_4,\ b_6=a_3^2+4a_6$$
$$b_8=a_1^2a_6+4a_2a_6-a_1a_3a_4+a_2a_3^2-a_4^2$$

3. Dixon 结式的软件实现

【例 1-8】 有如下的一个二元二次多项式方程组，求这两个方程的公共解。

$$\begin{cases}8x^2-2y^2-2=0\\7x^2-4y^2-2=0\end{cases}$$

解 按照一般的解方程组的思想，需要进行消元，即消去其中的一个变元 x 或者 y，本例选择消去 x，在 Maple 中编程实现，具体程序如下。

```
With(LinearAlgebra);
p := 8·x^2- 2·y^2- 2;
q := 7·x^2+ 4·y^2- 2;
Δ:= Determinant([[p, q], [subs(x= α,p), subs(x= α,q)]]);
Λ:= divide(Δ, (x - α), 'q');
Λ: = collect(q, α);
Dixon: = [[46y^2- 2, 0], [0, 46y^2- 2]];
DR: = factor(Determinant(Dixon));
```

调试、运行可得：

```
Δ := - 46α^2y^2+ 46x^2y^2+ 2α^2- 2x^2
Λ := true
Λ := (46y^2- 2)α+ 46xy^2- 2x
Dixon := [[46y^2- 2, 0], [0, 46y^2- 2]]
DR := 4(23y^2- 1)^2
```

令最后的结果 $4(23y^2-1)^2=0$，可以解出关于 y 的解为

$$y=\pm\frac{1}{\sqrt{23}}$$

再将 y 的值代入原方程组中，可求出 x 的解为

$$x=\pm\sqrt{\frac{6}{23}}$$

所以，本题的结果为：$\left(\sqrt{\frac{6}{23}},\frac{1}{\sqrt{23}}\right)$、$\left(\sqrt{\frac{6}{23}},-\frac{1}{\sqrt{23}}\right)$、$\left(-\sqrt{\frac{6}{23}},\frac{1}{\sqrt{23}}\right)$、

$\left(-\sqrt{\frac{6}{23}},\ -\frac{1}{\sqrt{23}}\right)$。

1.2.5 结式的应用

1. 判断非平凡公因式

如何判断两个多项式之间是否存在公因式，是一个比较常见的问题。这当中存在许多的计算方法，例如若要求解关于两个多项式的公因式，需先将两个多项式相除，再将余式做因式分解，然后令每个因子等于零，最后代入检验即可。它的原理是：若 a 整除 b，a 整除 c，$b=kc+d$，那么 a 整除 d。若要求最大公因式，可用辗转相除法等。所谓非平凡因式，是指能将它整除的因式只有1和它本身。当两个多项式的 Sylvester 结式为零时，这两个多项式存在非平凡公因式。所以可以根据两个多项式的 Sylvester 结式，对两个多项式是否存在非平凡公因式进行判断。下面介绍如何判断两个多项式是否存在非平凡公因式。

【例1-9】 有如下的多项式方程 A 和 B，求这两者的 Sylvester 结式。

$$\begin{cases}A=6x^5+8x^3+3x^2-3x-2\\B=3x^4-3x^2+6x+4\end{cases}$$

解 根据 Sylvester 结式的定义，得到多项式方程 A 和 B 的 Sylvester 矩阵为

$$\mathrm{Syl}(A,B,x)=\begin{bmatrix}6&0&8&3&-3&-2&0&0&0\\0&6&0&8&3&-3&-2&0&0\\0&0&6&0&8&3&-3&-2&0\\0&0&0&6&0&8&3&-3&-2\\3&0&-3&6&4&0&0&0&0\\0&3&0&-3&6&4&0&0&0\\0&0&3&0&-3&6&4&0&0\\0&0&0&3&0&-3&6&4&0\\0&0&0&0&3&0&-3&6&4\end{bmatrix}$$

再根据非平凡公因式的判断理论，在 Maple 中编程实现。

```
with(LinearAlgebra);
p:= 6·x^5+ 8·x^3+ 3·x^2- 3·x- 2;
q:= 3·x^4- 3x^2+ 6·x+ 4;
S:= SylvesterMatrix(p, q, x);
gcdpq:= gcd(p, q);
Det(S):= Determinant(S);
```

对此部分代码进行调试与运行可得：

```
     ┌6  0   8   3  -3  -2   0   0   0┐
     │0  6   0   8   3  -3  -2   0   0│
     │0  0   6   0   8   3  -3  -2   0│
     │0  0   0   6   0   8   3  -3  -2│
S:=  │3  0  -3   6   4   0   0   0   0│
     │0  3   0  -3   6   4   0   0   0│
     │0  0   3   0  -3   6   4   0   0│
     │0  0   0   3   0  -3   6   4   0│
     └0  0   0   0   3   0  -3   6   4┘
gcdpq:= 1
det(S):= 13022568
```

其中：S：＝SylvesterMatrix(p,q,x)，是Maple中的函数，可直接调用并求出 p，q 的关于 x 的Sylvester矩阵；gcdpq：＝gcd(p,q)，是Maple中求两个多项式最大公因式的命令；Determinant(A)，是Maple中求行列式的命令。从结果gcdpq：＝gcd（p，q）＝1可以看出，A 和 B 的最大公因式为1；Determinant（S）＝13022568，A 和 B 的Sylvester结式为 $13022568\neq 0$，所以 A 和 B 没有非平凡公因式。

下面给出有非平凡公因式的情况。

【例1-10】 两个多项式 A 和 B，它们的表达式如下。

$$\begin{cases}A=(x-1)\ (x^2+3)=x^3-x^2+3x-3\\B=(x-1)\ (x^3+x+1)=x^4+x^3+x-1\end{cases}$$

解 使用Maple编程。

```
With(LinearAlgebra);
A:= x^3+ x^2+ 3•x- 3;
B:= 3•x^4- 3x^2+ 6•x+ 4;
S:= SylvesterMatrix(A, B, x);
GcdAB:= gcd(A, B);
det:= Determinant(S);
```

调试、运行可得：

```
     ┌1  -1   3  -3   0   0   0┐
     │0   1  -1   3  -3   0   0│
     │0   0   1  -1   3  -3   0│
S:=  │0   0   0   1  -1   3  -3│
     │1  -1   0   1  -1   0   0│
     │0   1  -1   0   1  -1   0│
     └0   0   1  -1   0   1  -1┘
```

```
gcdAB:= x- 1
   det:= 0
```

从结果可以得出，A 和 B 的 Sylvester 结式等于 0，有非平凡最大公因式 $x-1$。

2. 求解多项式代数方程组

【例 1-11】 以下是圆 P_1 和椭圆 P_2 的表达式，求两者的交点。

$$\begin{cases} P_1 = x_1^2 + x_2^2 - 2 = 0 \\ P_2 = x_1^2 + 6x_2^2 - 3 = 0 \end{cases}$$

解 （1）首先用最直观的形式——画图来给出圆 P_1 和椭圆 P_2 交点存在的大概位置。此处使用 Matlab 软件进行画图，以下是 Matlab 程序。

```
clear ; clc
x1= [- 10:0.01:10];
x2= [- 10:0.01:10];
ezplot('x1^2+ x2^2- 2');
hold on;
ezplot('x1^2+ 6* x2^2- 3');
axis([- 2,2,- 2,2]);
set(0,'defaultfigurecolor','w')
grid minor;
xlabel('x1');
ylabel('x2');
title('圆 P1 和椭圆 P2 的交点图')
```

调试、运行可得图 1-1。

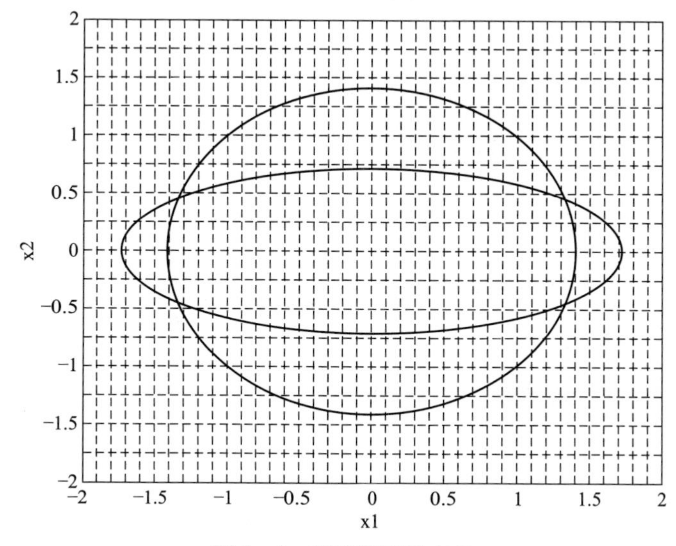

图 1-1　圆和椭圆的交点

由图1-1可以直接看出，圆 P_1 和椭圆 P_2 确实是存在交点的，且共有四个交点，并能得到交点的大概位置。

(2) 在Matlab中编写程序，将圆 P_1 和椭圆 P_2 交点的数值解求出。

```
clear ; clc
syms x1 x2;
s= solve(x1^2+ x2^2- 2, x1^2+ 6* x2^2- 3) ;
x1= double ( s. x1 ) ;
x2= double ( s. x2 ) ;
```

调试、运行，得到结果为

$$x_1=\pm 1.341\ 6,\ x_2=\pm 0.447\ 2$$

所以可得出圆 P_1 和椭圆 P_2 的四个交点为（1.341 6，0.447 2）、（−1.341 6，0.447 2）、（1.341 6，−0.447 2）、（−1.341 6，−0.447 2）。

(3) 在Maple中将 P_1 和 P_2 的Dixon结式求出，结果如下。

```
With(LinearAlgebra);
P1:= x₁²+ x₂²- 2;
P2:= x₁²+ 6 • x₂²- 3;
```

Δ:= Determinant$\left(\begin{bmatrix} p & q \\ \text{subs}(x_1=\alpha, p) & \text{subs}(x_1=\alpha, q) \end{bmatrix}\right)$;

```
Λ:= divide(Δ , (x- α ) , 'q' ) ;
Λ: = collect ( q , α ) ;
```

Dixon: = $\begin{bmatrix} 5x_2^2-1 & 0 \\ 0 & 5x_2^2-1 \end{bmatrix}$;

```
DR: = factor ( Determinant ( Dixon ) ) ;
```

得出结果：

$\Delta := -5\alpha^2 x_2^2 + 5x_1^2 x_2^2 + \alpha^2 - x_1^2$

$\Lambda :=$ true

$\Lambda := (5x_2^2-1)\alpha + 5x_1 x_2^2 - x_1$

Dixon := $\begin{bmatrix} 5x_2^2-1 & 0 \\ 0 & 5x_2^2-1 \end{bmatrix}$

DR := $(5x_2^2-1)^2$

令 $(5x_2^2-1)^2=0$，即可求得关于 x_2 的解：

$$x_2=\pm\frac{1}{\sqrt{5}}$$

将 x_2 的两个解代回 P_1 或者 P_2，可得 x_1 的解：

$$x_1=\pm\frac{3}{\sqrt{5}}$$

从而可得 P_1 和 P_2 相交的四个点为：$\left(\frac{3}{\sqrt{5}},\ \frac{1}{\sqrt{5}}\right)$、$\left(\frac{3}{\sqrt{5}},\ -\frac{1}{\sqrt{5}}\right)$、$\left(-\frac{3}{\sqrt{5}},\ \frac{1}{\sqrt{5}}\right)$、$\left(-\frac{3}{\sqrt{5}},\ -\frac{1}{\sqrt{5}}\right)$。

总结：从三种方法中可以看出，方法（1）可以直观地看出交点位置；方法（2）得到不精确的数值解；方法（3）得到精确的符号解。

3. 几何推理与证明

几何学这门学科内容丰富，它贯穿于数学的众多学科的发展历程之中，如代数分析、数论等。数学中最重要的思想之一就有几何思想，几何思想在数学思想中占有很重要的地位。值得注意的是，在很多数学分支的发展中，几何化的趋向越来越明显，即用几何的思想和观点来看待和解决各种数学问题。很多常见的定理都是几何定理，如勾股定理、欧拉定理等。下面介绍 Dixon 结式在几何中的简单应用。

1）尺规作图问题

【例 1-12】 设图 1-2 中的三角形为 ABC，并用 c、b、a 来标记这个三角形的边 AB、AC、BC，作 $\angle BAC$ 的角平分线 AD，与边 BC 相交于点 D，将 AD 的长度记为 a_i；将线段 CB、CA 延长，作 $\angle BAC$ 补角的角平分线，与延长后的 CB 相交，交点为 E，将角平分线 AE 的长度记作 a_e；BF 为 $\angle ABE$ 的角平分线，与 CA 的延长线交于点 F，记 BF 的长度为 b_e。这样表示的目的是用 a_i、a_e、b_e 表示 a。

这个问题是 Heymann 首先在其论文中提出的。他想要确定的是：给定三个角平分线 a_i、a_e、b_e 的一般值，是否可以只用圆规和尺子来表示三角形？当且仅当包含 a 和 a_i、a_e、b_e 的表达式对于某些正整数 m，在 a 中的阶为 2^m 时，结论成立。

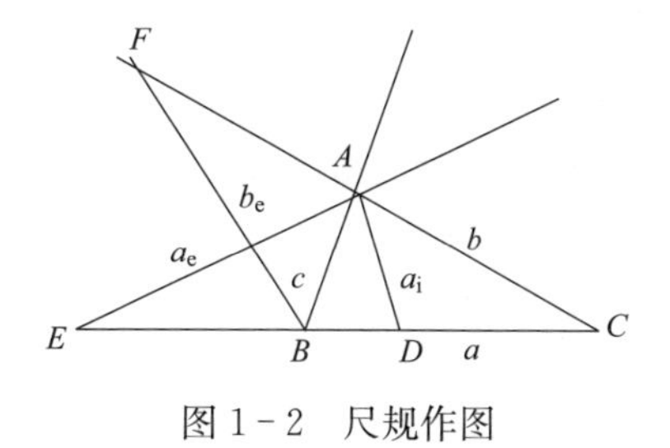

图 1-2　尺规作图

此处，引用欧几里德几何的一个标准结果：

$$a_i^2=\frac{cb\ (c+b-a)\ (c+b+a)}{(b+c)^2}$$

$$a_e^2=\frac{cb\ (a+b-c)\ (c-b+a)}{(c-b)^2}$$

$$b_e^2=\frac{ac\ (a+b-c)\ (c+b-a)}{(c-a)^2}$$

因此，用边的长度来表示等分线的长度是很容易的，挑战在于用这三条角平分线的长度来表示边的长度。原则上，这是一个简单的消去问题，即如果可以从任意两个方程中消去变量 b 和 c，就可以将这个表达式代入第三个方程中，就可以得到一个只包含 a_i、a_e、b_e的方程。这可以通过计算这三个多项式的结式来实现。为此，首先将这些分式表示的方程表示为一般的多项式形式，将它们转换为

$$q_1=a_i^2\ (b+c)^2-cb\ (c+b-a)\ (c+b+a)$$

$$q_2=a_e^2\ (c-b)^2-cb\ (a+b-c)\ (c-b+a)$$

$$q_3=b_e^2\ (c-a)^2-ac\ (a+b-c)\ (c+b-a)$$

我们的目标是消去 b 和 c，首先是计算 Dixon 多项式，然后计算该集合的 Dixon 矩阵，解矩阵方程，可以得到一个向量。Maple 程序如下。

```
q1:= ai^2 • (b+ c)^2- c • b • (c+ b- a) • (c+ b+ a);
q2:= ae^2 • (c- b)^2- c • b • (a+ b- c) • (c- b+ a);
q3:= be^2 • (c- a)^2- a • c • (a+ b- c) • (c+ b- a);
q1b:= subs(b= β, q1);
q2b:= subs(b= β, q2);
q3b:= be^2 • (c- a)^2- a • c • (a+ β- c) • (c+ β- a);
q1bc:= subs(b= β, c= γ, q1);
q2bc:= subs(b= β, c= γ, q2);
q3bc:= be^2 • (c- a)^2- a • c • (a+ β- c) • (c+ β- a);
```

调试、运行可得：

```
q1b:= ai^2(c+ β)^2- cβ(c+ β- a)(c+ β+ a)
q2b:= ae^2(c- β)^2- cβ(a+ β- c)(c- β+ a)
q3b:= be^2(c- a)^2- ac(a+ β- c)(c+ β- a)
q1bc:= ai^2(γ+ β)^2- γβ(γ+ β- a)(γ+ β+ a)
q2bc:= ae^2(γ- β)^2- γβ(a+ β- γ)(γ- β+ a)
q3bc:= be^2(γ- a)^2- aγ(a+ β- γ)(γ+ β- a)
M:= Matrix([[q1, q2, q3], [q1b, q2b, q3b], [q1bc, q2bc, q3bc]]);
```

$$M:=\begin{bmatrix} a_i^2(b+c)^2-cb(c+b-a)(c+b+a) & a_e^2(c-b)^2-cb(a+b-c)(c-b+a) & b_e^2(c-a)^2-ac(a+b-c)(c+b-a) \\ a_i^2(c+\beta)^2-c\beta(c+\beta-a)(c+\beta+a) & a_e^2(c-\beta)^2-c\beta(a+\beta-c)(c-\beta+a) & b_e^2(c-a)^2-ac(a+\beta-c)(c+\beta-a) \\ a_i^2(\gamma+\beta)^2-\gamma\beta(\gamma+\beta-a)(\gamma+\beta+a) & a_e^2(\gamma-\beta)^2-\gamma\beta(a+\beta-\gamma)(\gamma-\beta+a) & b_e^2(\gamma-a)^2-a\gamma(a+\beta-\gamma)(\gamma+\beta-a) \end{bmatrix}$$

```
with(LinearAlgebra);
Δ:= Determinant(M);
fac Δ:=  factor(Δ);
δ:= divide(Δ, (β- b) · (γ- c),'q');
δ:= q;
nops(δ);
δ:= collect(δ, [β, γ], distributed);
nops(δ);
```

运行之后可得到 δ 的一个含有 289 项的结果，由于其中的元素都是多项式的形式，过于冗长，所以此处省略。

从得到的 δ 表达式中的 289 项整理得到一个与 b 和 c 有关的行向量，以及一个与 γ 和 β 有关的列向量，它们分别为：

行向量：$\boldsymbol{H}=[b^2c^3, b^2c^2, b^2c, bc^4, bc^3, bc^2, bc, b, c^5, c^4, c^3, c^2, c, 1]$

列向量：$\boldsymbol{L}=[\gamma^2\beta^2, \gamma^2\beta, \gamma^2, \gamma\beta^4, \gamma\beta^3, \gamma\beta^2, \gamma\beta, \gamma, \beta^4, \beta^3, \beta^2, \beta, 1]^{\mathrm{T}}$
则按照 Dixon 结式的定义，Λ 可以表示成：

$$\Lambda=\boldsymbol{H}\cdot\boldsymbol{D}\cdot\boldsymbol{L}$$

其中 $\boldsymbol{D}$ 是一个 Dixon 矩阵，可以表示为一个 14×13 的大型矩阵，由于矩阵元素都是多项式的形式，并且很多都是十分冗长的，这个矩阵含有 182 个多项式元素，其中的第十三行第一列的元素 $D_{12,0}$ 为

$$D_{12,0}=-4ab^2c^3+(aa_e^2+aa_i^2)b^2c+(-4aa_e^2+4aa_i^2)bc^2-4ac^5+(8a^2-4b_e^2)c^4+(-4a^3+3aa_e^2+3aa_i^2+8ab_e^2)c^3+(-2a^2a_e^2-2a2a_i^2-a^2b_e^2+a_e^2b_e^2+a_i^2b_e^2)c^2+(a^3a_e^2-2aa_e^2b_e^2-2aa_i^2b_e^2)c+a^2a_i^2a_e^2$$

所以在此省略。将此 Dixon 矩阵转化成行列式，将其计算出即可得出只由 a_i、a_e、b_e表示的 a。

2）四面体最大体积问题

【例 1-13】 考虑如图 1-3 所示的一个四面体，已经知道四面体的四个面的面积，目标是由此来确定此四面体的最大体积，四个面 ABC、ACD、BCD 和 ABD 分别用 a、b、c 和 d 替代。如果存在满足以下四个方程的参数 x、y、z 和 w：

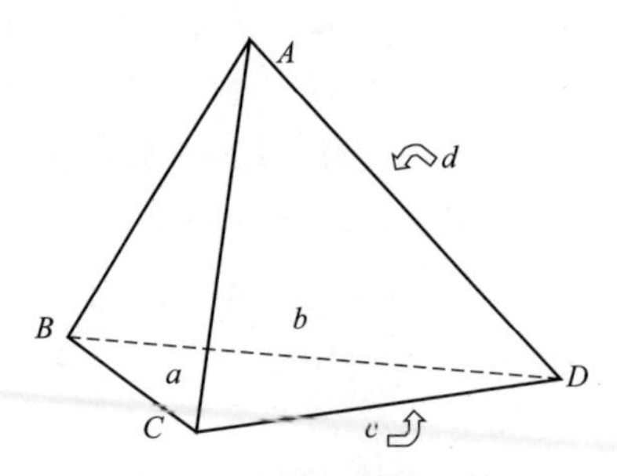

图 1-3　四面体的最大体积

$$yz+zw+wy-a=0$$
$$zx+xw+wz-b=0$$
$$wx+xy+yw-c=0$$
$$xy+yz+zx-d=0$$

那么这个四面体就是一个正中心的四面体，也就是在这个总表面积下体积最大的四面体。此外，这个四面体的体积（T)的二次方为

$$T^2=\frac{2}{9}(xyz+yzw+zwx+wxy)$$

如何得到一个完全只用 a、b、c、d 来表示的 T 的值？这个问题转化为从上面提到的五个方程中消去 x、y、z、w，接下来计算以下五个多项式的结果：

$$q_1=yz+zw+wy-a$$
$$q_2=zx+xw+wz-b$$
$$q_3=wx+xy+yw-c$$
$$q_4=xy+yz+zx-d$$
$$q_5=2(xyz+yzw+zwx+wxy)-9T$$

事实证明，这是一个简并度，只要 x、y、z 和 w 中的任意一个变量为零。因此，本例可以在 $C=x\neq0\wedge y\neq0\wedge z\wedge w\neq0$ 这样的条件下进行计算。

首先，将 Dixon 矩阵计算出，其阶数为 16×16. 同例 1-12，将矩阵方程的解求出，结果表明，$\bar{x}$ 与单项 x 对应的分量为 0。最后便可得到一个完全只用 a，b，c，d 来表示的 T 值。

4. 三角形面积与边长的关系问题

【例 1-14】 有如图 1-4 所示的一个三角形，分别用 a，b，c 来标记这个三角形的三条边，求这个三角形的面积与三条边 a，b，c 之间的关系。

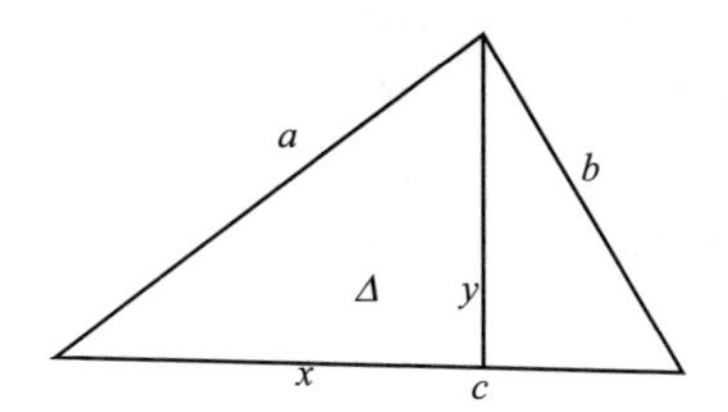

图1-4 三角形与边长的关系

如图1-4所示，y 为底边 c 上的高，x 为边 b 的对顶点到垂足的距离，则根据上述关系可得到下列代数方程：

$$\begin{cases} H_1 = a^2 - x^2 - y^2 = 0 \\ H_2 = b^2 - (c-x)^2 - y^2 = 0 \\ H_3 = 2\Delta - cy = 0 \end{cases}$$

计算 H_1 和 H_2 关于 x 的结式，可得

$$F = \mathrm{Res}(H_1, H_2, x) = 4c^2y^2 + c^4 - 2b^2c^2 + b^4 - 2a^2b^2 + a^4$$

再计算 F 和 H_3 的关于 y 的结式，也就是 $\mathrm{Res}(F, H_3, x) = c^2R$，其中

$$R = 16\Delta^2 + c^4 - 2b^2c^2 - 2a^2c^2 + b^4 - 2a^2b^2 + a^4$$

$c \neq 0$ 对于所有非退化的三角形都是成立的。所以，将 $R=0$ 求出，就能将所要表示的关系表示出来，即 $R=0$ 就是这道题所要求的代数关系。

还可以计算 $\{H_1, H_2, H_3\}$ 关于 x_1，x_2，x_3 的 Dixon 结式，目的是确定该结式是否是 $2c^4R$。令 $p = \dfrac{(a+b+c)}{2}$，于是可得

$$\Delta^2 = p(p-a)(p-b)(p-c)$$

这就是著名的秦-Heron公式。可以将其在Maple中通过程序实现，程序如下。

```
with (LinearAlgebra);
H1:= a^2- x^2- y^2;
H2:= b^2- (c- x)^2- y^2;
H3:= 2 • S- c • y;
Δ:= Determinant
([[            H1                        H2                        H3           ]
  [    subs(x= α,H1)            subs(x= α,H2)            subs(x= α,H3)       ]
  [subs(x= α,y= β,H1)   subs(x= α,y= β,H2)   subs(x= α,y= β,H3)]]);
Λ:= divide(Δ, (x- α ) • ( y- β ) , 'q' ) ;
Λ: = q: nops ( Λ ) ;
Λ: = collect ( Λ, [α, β], distributed) ;
```

```
            ┌- 2c^2        0            4Sc         ┐
Dixon: =    │ 0          - 2c^2       a^2c- b^2+ c^3 │;
            └ 4Sc    a^2c- b^2+ c^3    - 2a^2c^2    ┘
DR: = factor ( Determinant ( Dixon ) ) ;
```

调试、运行可得：

```
H1 := a^2- x^2- y^2
H2 := b^2- (c - x)^2- y^2
H3 := - cy+ 2S
Λ := (a^2c - b^2c + c^3- 2c^2x ) α+ (- 2c^2y+ 4Sc ) β- 2a^2c^2+ a^2cx- b^2cx+ c^3x+ 4Scy
            ┌- 2c^2        0            4Sc         ┐
Dixon : =   │ 0          - 2c^2       a^2c- b^2+ c^3 │
            └ 4Sc    a^2c- b^2+ c^3    - 2a^2c^2    ┘
DR : = 2c^4 ( a^4- 2a^2b^2- 2a^2c^2+ b^4- 2b^2c^2+ c^4+ 16S^2 )
```

观察所求得的结果可知，本题所求的关系可以表示为

$$DR=2c^4(a^4-2a^2b^2-2a^2c^2+b^4-2b^2c^2+c^4+16S^2)$$

5. 多项式的判别式

Dixon 结式可以用来计算多项式的判别式，这个性质在上文已经有所体现。下面给出 Dixon 结式在计算多项式的判别式中的应用，即判断单变元高次多项式方程是否存在重根。

1）判别式理论

考虑如下多项式

$$F=a_0x^m+a_1x^{m-1}+\cdots+a_{m-1}x+a_m$$

$$G=\frac{\mathrm{d}F}{\mathrm{d}x}=a_0mx^{m-1}+a_1(m-1)x^{m-2}+\cdots+a_{m-1}$$

关于 x 的 Sylvester 矩阵为

$$S=\begin{bmatrix} a_0 & a_1 & \cdots & a_{m-1} & a_m & & & & \\ & & & a_0 & a_1 & \cdots & & a_{m-1} & a_m \\ & a_1(m-1) & \cdots & a_{m-1} & & & & & \\ & & & & a_0m & a_1(m-1) & & \cdots & a_{m-1} \end{bmatrix}$$

则多项式 F 和 G 关于 x 的 Sylvester 结式可以表示为

$$\mathrm{Res}(F, G, x)=\det(S)$$

那么由此可得到 F 的判别式为

$$\mathrm{disc}(F,\ x)=\frac{(-1)\ \dfrac{m(m-1)}{2}\mathrm{Res}\left(F,\ \dfrac{\mathrm{d}F}{\mathrm{d}x},\ x\right)}{a_0}=-\frac{\mathrm{Res}(S)}{a_0}$$

$F=0$ 有重根的充分必要条件是 $\mathrm{disc}(F,\ x)=0$。

2）判别式应用举例

【例 1 - 15】 求以下多项式方程关于 x 有重根的条件。

$$F=5x^4+4x^3+3x^2+\lambda x+1=0$$

解 首先，将多项式方程 F 关于 x 的偏导数记为 $F'=\partial F/\partial x$。那么，根据判别式理论可以得出，如要 $F=0$ 关于 x 有重根，则 F 和 F' 关于 x 必存在公共零点，即 F 关于 x 的判别式 $\Delta=0$。

为了计算 Δ，需要构造 F 和 F' 关于 x 的 Sylvester 矩阵，这个矩阵的维数为 7×7，因为 $F'=\partial F/\partial x$ 的最高次数为 3，再根据 Sylvester 结式的定义即可求出。计算该矩阵的行列式可得

$$\begin{aligned}\Delta&=\frac{\mathrm{Res}(F,\ F',\ x)}{5}=-675\lambda^4+824\lambda^3+9\ 924\lambda^2-30\ 144\lambda+35\ 600\\&=-\ (25\lambda^2+38\lambda-356)\ (27\lambda^2-74\lambda+100)\end{aligned}$$

这些计算都可以通过计算机软件实现。事实上，Δ 还可以通过构造 F 和 F' 的 Bézout - Cayley 结式求出。

$$\Delta=5^6\cdot R\,|_{x_1=\frac{4}{5},x_2=\frac{3}{5},x_3=\frac{\lambda}{5},x_4=\frac{1}{5}}$$

其中

$$\begin{aligned}R=&256x_4^3-192x_1x_3x_4^2-128x_2^2x_4^2+144x_1^2x_2x_4^2-27x_1^4x_4^2+\\&144x_2x_3^2x_4-6x_1^2x_3^2x_4-80x_1x_2^2x_3x_4+18x_1^3x_2x_3x_4+16x_2^4x_4+\\&-4x_1^2x_2^3x_4-27x_3^4+18x_1x_2x_3^3-4x_1^3x_3^3-4x_2^3x_3^2+x_1^2x_2^2x_3^2=0\end{aligned}$$

所以 $F=0$ 关于 x 有重根的充要条件为 $25\lambda^2+38\lambda-356=0$ 和 $27\lambda^2-74+100=0$ 两者之一成立。

当第一个条件成立时，求解 $25\lambda^2+38\lambda-356=0$，可得到两个解

$$\lambda_1=-\frac{19}{25}+\frac{21}{25}\sqrt{21},\ \lambda_2=-\frac{19}{25}-\frac{21}{25}\sqrt{21}$$

当第二个条件成立时，求解 $27\lambda^2-74\lambda+100=0$，$\lambda$ 为虚数。令 $\overline{F}$ 表示 F 在实数域上的因式分解，可得到

$$\overline{F}=\frac{1}{200}\ (10x^2+6x+2x\sqrt{21}+11+\sqrt{21})\ (10x+1-\sqrt{21})^2=0$$

从以上分析可知，$F=0$ 关于 x 确实是存在重根的。

【例 1-16】 一元高次多项式方程 F，判断其是否存在重根。

$$F=5x^3+33x^2+63x+27=0$$

解 首先，将 F 因式分解可得 $F=5x^3+33x^2+63x+27=(x+3)^2\ (5x+3)$. 由此可知 F 是存在重根的。通过 Maple 可以很简单地进行判断，给出程序如下。

```
with (LinearAlgebra);
F:= 5·x^3+ 33·x^2+ 63·x+ 27;
G:= dF/dx;
Δ:= Determinant([[F, G], [subs(x= α, F), subs(x= α, G)]]);
Λ:= divide(Δ, x- α, 'q');
Λ:= collect(q, α);
K:= [[75, 330, 315], [330, 1548, 1674], [315, 1674, 2187]];
BezoutCayleyResultant:= Determinnant(K);
```

运行可得：

```
F:= 5x^3+ 33x^2+ 63x+ 27
G:= 2(x+ 3) (5x+ 3) + 5(x+ 3)^2
Δ: = - 75α^3x^2+ 75α^2x^3- 330α^3x+ 330αx^3- 315α^3- 1233αx^2+ 315x^3- 1674α^2
     + 1674x^2- 2187α+ 2187x
Λ: = true
Λ: = (75x^2+ 330x+ 315) α^2+ (330x^2+ 1548x+ 1674) α+ 315x^2+ 1674x+ 2187
BezoutCayleyResultant: = 0
```

由结果可知，BezoutCayley Resul tan t:= 0,所以 $F=0$ 是存在重根的，这与以上的因式分解得出的判断是一致的。

1.3 算法时间复杂度分析

判断一个算法好坏的标准是在运行时所需要的时间。在算法分析中，总是选择出现在算法中某个特定的执行步骤，通过数学分析来确定完成该算法所需要的步骤数。

定义 1.5 当且仅当存在两个正常数 c 和 n_0，对于所有的 $n\geqslant n_0$，使得 $|f(n)|\leqslant c|g(n)|$，那么定义 $f(n)=O(g(n))$。

如果 $f(n)=O(g(n))$，那么在某种意义上，$g(n)$ 随着 n 增大，$f(n)$以$g(n)$为界。如果一个算法的时间复杂度是$O(g(n))$，意味着对于某个常数c，当n足够大时，算法运行时间总是少于 c 倍的$|g(n)|$。

例如，完成一个算法需要(n^3+n)步，那么 $f(n)=n^3+n=(1+1/n^2)n^3\leqslant 2n^3=O(n^3)$，$n\geqslant 1$。

数量级的意义可以通过表 1－1 来领会。

表 1－1　问题规模与时间复杂度函数

时间复杂度	问题规模			
	10	10^2	10^3	10^4
lb n	3.3	6.6	10	13.3
n	10	10^2	10^3	10^4
$n$lb n	0.33×10^2	0.7×10^3	10^4	1.3×10^5
n^2	10^2	10^4	10^6	10^8
2^n	1024	1.3×10^{30}	$>10^{100}$	$>10^{100}$
$n!$	3×10^6	$>10^{100}$	$>10^{100}$	$>10^{100}$

一个具有时间复杂度是$O(p(n))$的算法，称为多项式算法，其中 $p(n)$是一个多项式函数，不是以多项式函数为界的时间复杂度算法称为指数算法。

多项式算法与指数算法有很大的不同。找到具有低阶时间复杂度的算法是非常有意义的。稀疏插值的目标就是用较少的插值点，在较低的复杂度下完成插值。

第 2 章

单变元多项式插值

插值是函数逼近的重要方法。通过有限个已知点的取值情况（离散信息）估算其他点的近似值，在信号处理、不确定性量化、压缩感知等领域均有广泛应用。例如从低分辨率图像生成高分辨率图像，恢复图像丢失信息；对非线性信号进行压缩存储及信号恢复等。本章从最简单的单变元多项式插值开始介绍。

2.1 基本概念和定义

插值函数的类型（多项式、样条函数、连分式等）决定了其理论特性。为了与本书的其他插值问题一致，将插值问题以黑盒形式表示。单变元多项式黑盒插值问题为：给定一包含单变元多项式 $P_n(x)$ 的黑盒

$$P_n(x)=a_0+a_1x+\cdots+a_nx^n$$

其中，$P_n(x)$是次数为 n 的多项式，a_i 是 x^i 的系数。

对任意点 ξ，黑盒输出相应的函数值 $P_n(\xi)$，如图 2-1 所示。给定这些信息，要求恢复黑盒中的单变元多项式 $P_n(x)$，即确定所有的系数 a_i。

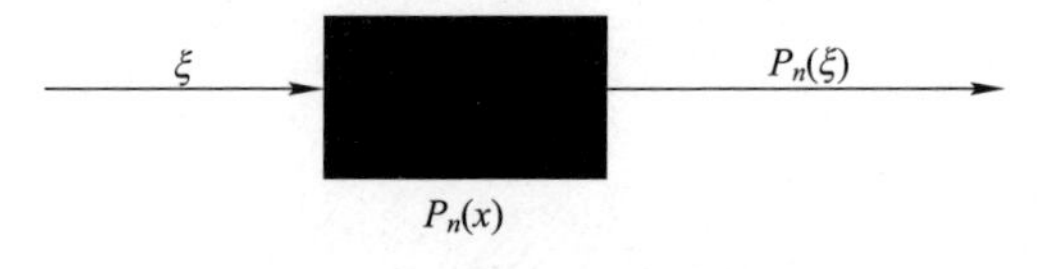

图 2-1　单变元多项式黑盒

可以通过方程组求解确定黑盒中的单变元多项式。给定单变元多项式 $P_n(x)=a_0+a_1x+\cdots+a_nx^n$ 的 $n+1$ 个互异点处的值 $y_i=f(x_i)$（$i=0，1，\cdots，n$），$P_n(x)$ 存在且唯一。

将插值条件 $P_n(x_i)=y_i$ 代入，得到

$$\begin{cases} a_0+a_1x_0+a_2x_0^2+\cdots+a_nx_0^n=y_0 \\ a_0+a_1x_1+a_2x_1^2+\cdots+a_nx_1^n=y_1 \\ \quad\vdots \\ a_0+a_1x_n+a_2x_n^2+\cdots+a_nx_n^n=y_n \end{cases}$$

线性方程组包含 $n+1$ 个方程，$n+1$ 个未知数 a_0，a_1，…，a_n，其系数行列式是范德蒙（Vandermonde）行列式：

$$V=\begin{vmatrix} 1 & x_0 & x_0^2 & \cdots & x_0^n \\ 1 & x_1 & x_1^2 & \cdots & x_1^n \\ \vdots & \vdots & \vdots & & \vdots \\ 1 & x_n & x_n^2 & \cdots & x_n^n \end{vmatrix}=\prod_{0<j<i<n}(x_i-x_j)$$

由于 x_0，x_1，…，x_n 互异，所以 $V\neq 0$，根据线性方程组的克莱姆（Cramer）法则，方程组存在唯一解 a_0，a_1，…，a_n，因此插值多项式 $P_n(x)$ 存在且唯一。

上述证明不仅解决了 $P_n(x)$ 的存在性及唯一性问题，而且还给出了求 $P_n(x)$ 的方法：通过求解方程组得到 $P_n(x)$的 $n+1$ 个系数，从而确定 $P_n(x)$。显然，这种求解方程组的方法相当麻烦。

研究数值问题有一个特点，就是构造各种算法，使之计算更容易，误差更小，且成为实际中行之有效的方法。易证明插值多项式 $P_n(x)$ 是唯一的，这就表明无论用什么方法构造多项式 $P_n(x)$，只要满足插值条件，它们就是同一个多项式。下面给出常用的单变元多项式插值算法：牛顿插值法和拉格朗日插值法。

2.2 牛顿插值多项式

首先给出差商的定义：$f(x)$在 x_i 处的零阶差商为 $f[x_i]=f(x_i)$，$f(x)$ 关于点 x_i，x_j 的一阶差商，记为

$$f[x_i, x_j]=\frac{f(x_i)-f(x_j)}{x_i-x_j}$$

$f(x)$关于点 x_0，x_1，…，x_k 的 k 阶差商记为

$$f[x_0, x_1, \cdots, x_{k-1}, x_k]=\frac{f[x_0, x_1, \cdots, x_{k-1}]-f([x_1, x_2, \cdots, x_k])}{x_0-x_k}$$

根据差商的定义，可以建立差商表 2-1。

表 2-1 差 商 表

x_i	$f(x_i)$	一阶差商	二阶差商	三阶差商	…
x_0	$f(x_0)$				
x_1	$f(x_1)$	$f[x_0, x_1]$			
x_2	$f(x_2)$	$f[x_1, x_2]$	$f[x_0, x_1, x_2]$		
x_3	$f(x_3)$	$f[x_2, x_3]$	$f[x_1, x_2, x_3]$	$f[x_0, x_1, x_2, x_3]$	
x_4	$f(x_4)$	$f[x_3, x_4]$	$f[x_2, x_3, x_4]$	$f[x_1, x_2, x_3, x_4]$	
⋮	⋮	⋮	⋮	⋮	

牛顿插值多项式定义为

$$N_n(x)=f(x_0)+f[x_0, x_1](x-x_0)+f[x_0, x_1, x_2](x-x_0)\times(x-x_1)+\cdots+f[x_0, x_1, \cdots, x_n](x-x_0)(x-x_1)\cdots(x-x_{n-1})$$

牛顿插值法的 Matlab 程序实现如下。

程序 2.1 牛顿插值法

```
function y= Newton(X, Y, x, M)
% Input   - X
%         - Y
% Output
function y= Newton(X,Y,x,M)
n= length(X);
m= length(x ) ;
for t= 1: m
      z= x ( t ) ;
      A= zeros(n, n ) ;
      A ( :, 1)= Y';
      for j= 2:n
            for i= j:n
                A(i,j)= (A(i,j- 1)- A(i- 1,j- 1)/(X(i)- X(i- j+ 1)));
            end
      end
      C= A(n, n ) ;
      for k= (n- 1):- 1:1
            C= conv(C,poly(X(k)));
            d= length(c);
            C(d)= C(d)+ A(k,k);
      end
      y(t)= polyval(C,z);
end
```

2.3　拉格朗日插值多项式

已知 $y=f(x)$ 的函数值表如表 2-2 所示。

表 2-2　函数值表

x_k	x_0	x_1	…	$x_{(i-1)}$	x_i	$x_{(i+1)}$	…	x_n
y_k	0	0	…	0	1	0	…	0

拉格朗日插值基函数定义为

$$l_i(x)=\prod_{(k=0,\ k\neq i)}^{n}\frac{x-x_k}{x_i-x_k}$$

给定 $P_n(x)=a_0+a_1x+\cdots+a_nx^n$ 的 $n+1$ 个互异点处的值 $y_i=f(x_i)$（$i=0, 1, \cdots, n$），用插值基函数 $l_i(x)(i=0, 1, \cdots, n)$ 的线性组合来构造满足上述插值点的多项式：

$$L_n(x)=y_0l_0(x)+y_1l_1(x)+\cdots+y_nl_n(x)$$

$L_n(x)$ 即为拉格朗日插值多项式。

拉格朗日插值法的 Matlab 程序实现如下。

程序 2.2　拉格朗日插值法

```
function s= Lagrange(x, y, x0)
% 输入 x 为插值点向量，y 为函数值向量。
% 注意 x, y 两个向量的长度必须一致。
for i= 1: length(x0)
    t= 0.0;
    for j= 1: length(x)
      u= 1.0;
      for k= 1: length(x)
        if k~= j
          u= u* (x0(i) - x(k))/(x(j) - x(k));
        end
      end
      t= t+ u* y(j);
    end
    s(1)= t;
end
```

2.4 切比雪夫多项式

正交基函数 $T_i(x)$ 序列满足

$$\int_{-1}^{1} T_i(x) T_j(x) \frac{1}{\sqrt{1-x^2}} \mathrm{d}x = 0, \quad i \neq j$$

多项式 $T_i(x)$ 称为切比雪夫多项式，可作为多项式的正交基。切比雪夫级数使用切比雪夫多项式作为基函数，而不采用单项式 x^i 作为基函数[9]。

多项式 $T_i(x)$ 满足递推关系：

$$\begin{aligned}
&T_0(x)=1 \\
&T_1(x)=x \\
&\vdots \\
&T_{i+1}(x)=2xT_i(x)-T_{i-1}(x), \quad i \geqslant 1
\end{aligned}$$

图 2-2 为前 6 个切比雪夫多项式的图像。切比雪夫多项式具有很多优良的性质。

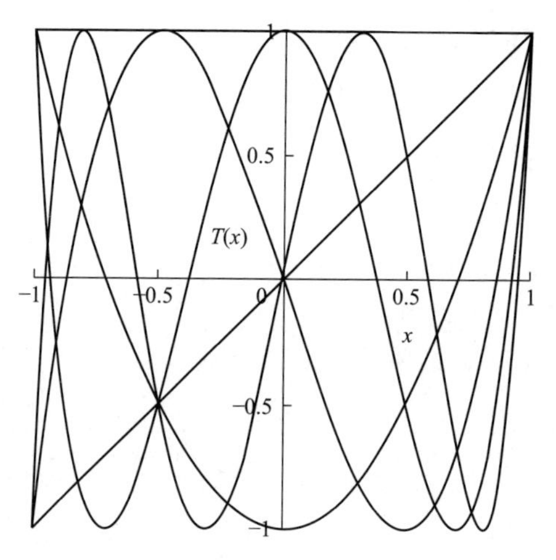

图 2-2　切比雪夫多项式（$i=0, 1, \cdots, 5$）

（1）切比雪夫多项式有一个闭式的表达式

$$T_i(x)=\cos(i\arccos x)$$

（2）对任意 $i \geqslant 0$，当 $x \in [-1, 1]$时，函数值 $T_i(x)$有界，即$|T_i(x)| \leqslant 1$。

（3）$T_i(x)$ 的零点

$$T_i\left(\cos\frac{(2j-1)\ \pi}{2i}\right)=0,\ j=1,\ 2,\ \cdots,\ i$$

每个次数为 n 的多项式都可用 $T_0(x)$，$T_1(x)$，…，$T_n(x)$ 的线性组合表示。下面给出函数 $f(x)$ 在区间 [-1，1] 上的切比雪夫级数展开式计算方法，并扩展到任意有定义的区间 [a，b]。

若函数 $f(x)$在区间 [-1，1] 上有定义，且有连续的一阶导数 $f'(x)$，则函数 $f(x)$有一个收敛的切比雪夫级数展开式

$$f(x)=\sum_{i=0}^{\infty}\tau_i T_i(x)$$

切比雪夫级数的系数有闭式的形式，重写式 $f(x)$为

$$f(x)=\frac{\tau_0}{2}+\sum_{i=1}^{\infty}\tau_i T_i(x)$$

系数 τ_i 可由式(2 - 1)确定，

$$\tau_i=\frac{2}{\pi}\int_{-1}^{1}\frac{f(x)T_i(x)}{\sqrt{1-x^2}}\mathrm{d}x\ ,\ i\geqslant 0 \tag{2 - 1}$$

做变量替换 $x=\cos\varphi$，式(2 - 1)可转换为

$$\tau_i=\frac{2}{\pi}\int_{0}^{\pi}f(\cos\varphi)\cos(i\varphi)\mathrm{d}\varphi \tag{2 - 2}$$

当没有合适的微积分方法将式(2 - 2)转换为实数时，需要采用数值近似法计算系数 τ_i。

当需要求解的函数$f(x)$是定义在区间[a，b]上时，需要做一个简单的变量替换

$$x\rightarrow\frac{a+b}{2}+\frac{b-a}{2}x$$

把区间[-1，1]转换到区间[a，b]上。

第3章

稀疏多元多项式插值

给定函数 $f(x_1,\cdots,x_n)$ 在若干个互异点处的值，确定函数的表达式 f，即为插值问题。现在把这一问题更多地称为黑盒插值问题：假设有一个用黑盒表示的函数 $f(x_1,\cdots,x_n)$，输入对象为 n 元组$(\xi_1,\cdots,\xi_n)$，黑盒计算并输出相应的函数值 $f(\xi_1,\cdots,\xi_n)$。黑盒插值问题要求确定黑盒中的函数关系式。

根据黑盒中的函数形式，可以把黑盒插值问题分为单变元多项式黑盒插值问题、多变元多项式黑盒插值问题、单变元有理函数黑盒插值问题、多元有理函数黑盒插值问题、隐函数黑盒插值问题。

对于单变元多项式，插值算法有牛顿插值算法和拉格朗日插值算法等，所需的插值点个数为$d+1$，其中 d 为目标多项式的次数；对于多元多项式插值，稠密算法需要的插值点个数为 $(d+1)^n$，其中 d 为变元次数，n 为变元个数；对于有理函数插值，稠密算法的计算复杂度为 $O(d^n)$，可见稠密算法的计算复杂度与变元个数呈指数关系。

实际应用中的多项式和有理函数大多具有稀疏的表示形式，插值算法的计算复杂度与函数的稀疏性相关是稀疏插值的研究目标。Zippel 在 1979 年给出了第一个稀疏多元多项式插值算法，随后许多学者在稀疏插值问题上进行了广泛的研究。

本章给出几个经典的稀疏多元多项式插值算法，包括：Zippel 算法、Ben-Or/Tiwari算法和 Javadi/Monagan 算法。

3.1 问题描述

稀疏多元多项式插值问题定义为：令 $P=\sum_{i=1}^{t}C_iM_i(x_1,x_2,\cdots,x_n)$ 是用黑盒 B：$\mathbf{R}^n\to\mathbf{R}$ 表示的多元多项式，其中 $C_i\in\mathbf{R}\backslash\{0\}$，$M_i=x_1^{e_{i1}}x_2^{e_{i2}}\cdots x_n^{e_{in}}(e_{il}\in\mathbf{Z})$ 是 $t(t\ll d^n)$个互不相同的单项式，其中 d 是 P 的全次数。黑盒是一个具有如下功能的装置：对于任意输入 n 元组$(\alpha_1,\alpha_2,\cdots,\alpha_n)$，输出 $P(\alpha_1,\alpha_2,\cdots,\alpha_n)$。稀疏

多元多项式插值问题就是利用 P 的稀疏结构及黑盒给出的离散信息，确定 C_i 及 e_{il}，恢复黑盒表示的多元多项式 P（见图 3-1）的函数形式。

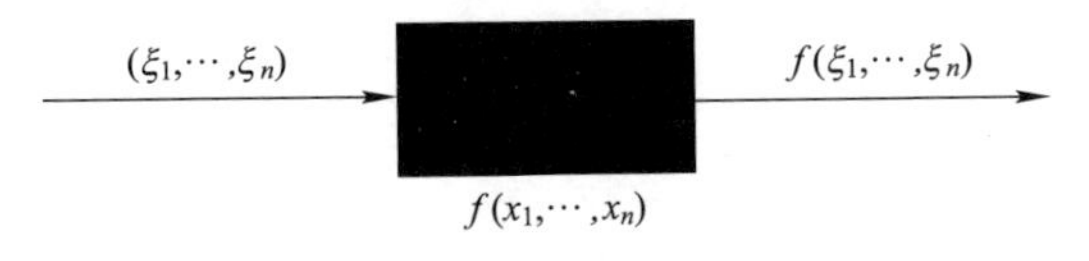

图 3-1　黑盒多元多项式

图 3-2 给出了包含 2 个变元的多项式的黑盒插值问题的示例。若给定若干输入，如（1，1），（2，3），（4，9），…，则黑盒输出 P 在这些点处的函数值，如 3，10，44，…，将这些值绘制在图 3-3(a)所示的三维空间中，即获得一系列离散点信息，黑盒插值问题要求根据这些离散信息，恢复黑盒多项式 P 的函数形式，得到如图 3-3(b)所示的空间曲面。在实际问题中，就是给定若干个信号的输入、输出，恢复信号函数表达式（多元多项式形式）。

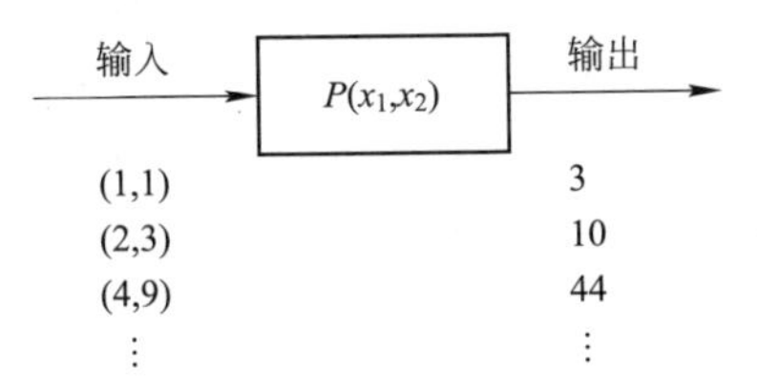

图 3-2　黑盒插值问题示例

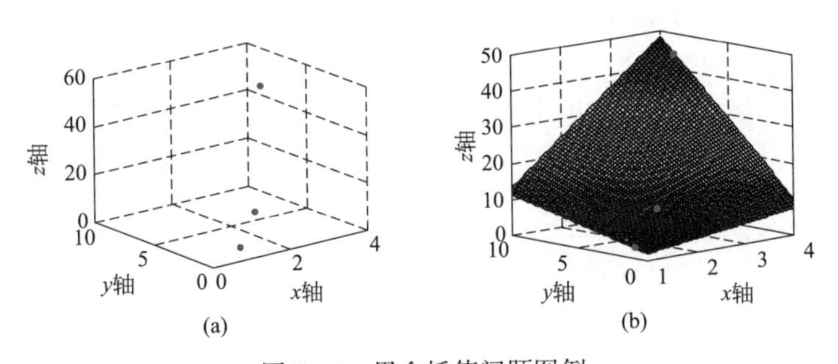

图 3-3　黑盒插值问题图例

对单变元多项式插值的研究已有很长的历史，如牛顿插值、拉格朗日插值等，它们需要 $d+1$ 个插值点，其中 d 为目标多项式的次数；对于多元多项式插值，根据单变元插值可知，一般情况下需要 $(d+1)^n$ 个插值点，其中 d 为变元次数，n 为变元个数；同样对于有理函数插值，它的计算复杂度为 $O(d^n)$。由此可见，在采用普通算法的情况下，函数的变元个数增多，其计算复杂度将呈指数级增长。

在实际情况下，现实问题往往存在多变元情况，但函数具有稀疏性的特点。鉴于此，如何降低插值算法的计算复杂度，优化稀疏插值问题就成为研究的关键。

Zippel 在 1979 年给出了第一个稀疏多元多项式插值算法，随后对于稀疏插值问题的研究逐渐深入。

3.2 研究现状

令 p 是一个素数，$f \in Z_p[x_1, x_2, \cdots, x_n]$ 是一个包含 $t(t>0)$ 个非零项，用黑盒 B：$Z_p^n \to Z_p$ 表示的多元多项式。黑盒以 n 元组$(\alpha_1, \alpha_2, \cdots, \alpha_n) \in Z_p^n$ 为输入，计算并输出 $f(x_1=\alpha_1, x_2=\alpha_2, \cdots, x_n=\alpha_n)$。同时给定 f 的次数界d，目标是用最少的赋值次数（黑盒插值点）恢复多元多项式。求解此问题，牛顿插值法需要 $O(d^{n+1})$个点，即算法关于 d 是指数级复杂度。对于稀疏多元多项式 f，即 $t=(d+1)^n$，稀疏插值的目标是设计一种算法，其时间复杂度并非是指数级的，而是关于 t，n，d 和 lb p 的多项式函数。

1979 年，Zippel 提出了第一个用于求解最大公因式问题的概率性稀疏多元多项式插值算法，它依赖于如下假设：如果一个多元多项式在随机赋值点处的值为零，那么这个多项式为零的概率极大。它是第一个具有多元多项式时间复杂度的算法。Zippel 算法的优点是对插值点的格式没有特殊要求，但是该算法无法并行，需要的插值点个数也较多，需要 $O(ndt)$个插值点，其中 n 为变元个数，d 为变元次数的上界，t 为多元多项式的项数。Zippel 算法是许多主流计算机代数系统中计算整系数多元多项式最大公因式的主要方法。

1988 年，Ben - Or 和 Tiwari 提出了一个确定性稀疏插值算法。该算法中，多元多项式系数可以为整数、有理数、实数或者复数。该算法规定，以前 n 个素数的幂次形式作为插值点，使用 Berlekamp/Massey 算法计算黑盒在 $2t$ 个插值点$(p_1^i, p_2^i, \cdots, p_n^i)(i=0, 1, 2, \cdots, 2t-1)$ 处的输出序列的一个线性生成器 $\Lambda(Z)$，其中 p_i 为第 i 个素数。该算法通过对 $\Lambda(Z)$ 求解，再对求得的解进行素数分解，确定变元 x_i 在单项式 M_j 中的次数，便可实现对多元多项式各个单项式的恢复。该算法最大的缺点是：在使用 Berlekamp/Massey 算法时，会使计算机运行时间严重膨胀，不适合恢复复杂的多元多项式。

2000 年，Kaltofen 等提出了一个“竞赛算法”，它将 Zippel 算法和 Ben - Or/Tiwari算法相结合，在实现 Zippel 算法对变元进行逐一插值时，同时运行两个子算法插值（Ben - Or/Tiwari 算法和牛顿插值算法），以最先完成该变元插值的算法为停止条件，然后进行下一变元插值的计算，有效避免了 Zippel 算法需要庞大插值点的缺陷。但在并行计算这方面，该算法依旧无法实现。

2010 年，Javadi 和 Monagan 提出了一个有限域上的并行稀疏多元多项式插值算法，它是对 Ben - Or/Tiwari 算法的改进。由于是独立对每个变元进行单变元插值，因此不仅将插值点个数减少到了 $O(nt)$，还实现了并行化，在运行时间和所需插值点的个数上，相对于 Zippel 算法均得到了优化。

2018 年，Huang 提出了一个改进的稀疏多元多项式插值算法，将原插值问题分解为变元更少、项数更少的多个子插值问题。在改进算法中包含了更有效的单变元多项式稀疏插值问题的求解算法，并精心设计了子问题的规模，适合递归调用。对于包含项数较多、需要求解的线性方程组规模较大的情形，改进算法的效率更高。

3.3　Zippel 算法

用于代数算法（如最大公因式）的模方法，当变元个数极少时是非常有效的。不幸的是，这些算法在最坏情形下是具有指数级复杂度的方法，求解此类问题需要 $(d+1)^v$ 个独立的赋值，其中 d 为每个变元的次数，v 为变元个数。当问题具有稀疏形式时，在最大公因式问题和因式分解问题上 Hensel 引理是有效的，但在“坏零点”情况下同样是指数级的复杂度，这点对应于牛顿插值算法中的零导数情况。这种情况的产生是由于用 0 替换一个或多个变元，导致丧失了大量的信息。这种情形下，通常采用线性替换，如用 $y+3$ 替换 y，以避免坏点。然而这种替换导致修改后的问题的规模变大，因此基于 Hensel 引理的方法在遇到坏零点问题时易导致空间耗尽。

Zippel 在 1979 年给出了一个概率方法，避免了模方法和 Hensel 算法的指数行为。该方法是一个与变元次数和项数有关的多项式时间算法，因为最大公因式和因式分解计算的结果可通过除法验证，因此可保证结果的正确性。如果需要，可执行两次计算，因此计算结果不正确的概率是极低的，此概率方法是模最大公因式算法的一个变体。

Zippel 算法的思想如下：用随机选择的大整数替换一个变元，在一个时刻对一个变元插值。主要的概率假设是：在插值的过程中，一个系数被确定为零，那么它在所有情况下均为零，因此不必计算更多的项。该算法需要在每次插值某个变元时求解 t 个线性方程组，其中 t 是此次插值的项数，算法时间复杂度的阶渐近为多项式项数的立方。

假定目标多项式 $P(X_1, \cdots, X_n)$ 有 v 个变元，每个变元的次数不超过 d，那么多项式 $P(X)$ 中包含 $(d+1)^v$ 个系数（包含零和非零系数），理论上需要 $(d+1)^v$ 个点来确定，仅这些点需要的计算次数是关于变元个数的指数级的。当 $P(X)$ 是稀疏多项式时，包含 t 项（$t \ll (d+1)^v$），Zippel 算法可以在多项式时间复杂度内以较高概率恢复多项式 $P(X)$。

3.3.1　Zippel 算法的思想

首先选择一个插值点 $(x_{10}, \cdots, x_{n0})$ 作为初始点，逐步产生多项式序列：

$$P_1=P(X_1, x_{20}, x_{30}, \cdots, x_{n0})$$
$$P_2=P(X_1, X_2, x_{30}, \cdots, x_{n0})$$
$$\vdots$$
$$P_n=P(X_1, X_2, X_3, \cdots, X_n)$$

视 P 为变元 X_1 的多项式，那么 X_1^k 在 P 中的系数是关于变元 X_2，…，X_n 的多元多项式 $f_k(X_2, \cdots, X_n)$。注意到 P_1 是关于 X_1 的单变元多项式。如果 P 足够稀疏，X_1 的某些次方在 P_1 中不会出现。假定 X_1^k 没有出现在 P_1 中，那么只有两种可能性：$f_k \equiv 0$ 或者 $f_k(x_{10}, \cdots, x_{n0})=0$。因为 $(x_{10}, \cdots, x_{n0})=0$ 是随机选择的初始点，$f_k(x_{10}, \cdots, x_{n0})=0$ 的概率非常小，而 $f_k=0$ 的概率非常大。Zippel 算法的思想是若 X_1^k 在 P_1 中没有出现，则可假定在 P 中没有包含 X_1^k 的单项式，即 f_k 恒等于零。

3.3.2 Zippel 算法描述

首先随机选择初始点 $(x_{10}, \cdots, x_{n0})$，然后取值 x_{11}，…，x_{1d}，以保证 x_{10}，x_{11}，…，x_{n0} 互不相同，并计算 P 在点 $(x_{1i}, x_{20}, \cdots, x_{n0})(i=0, 1, \cdots, d)$ 处的函数值。根据以上信息对变元 X_1 插值，可得单变元多项式 $P_1=P(X_1, x_{20}, \cdots, x_{n0})$。

Zippel 算法假定若 X_1 的幂次在 $P_1=P(X_1, x_{20}, \cdots, x_{n0})$ 中的系数为零，则这些系数在 $P(X_1, x_2, \cdots, x_n)$ 中也为零。随机选择元素 x_{21}，由 $P_1=P(X_1, x_{20}, \cdots, x_{n0})$ 可知 $P_1=P(X_1, x_{21}, \cdots, x_{n0})$ 中有哪些非零的未知系数项。因为 P 是 t-稀疏的，所以有至多 t 个未知的非零系数需要求解。计算 P 在点 $(X_{10}, x_{21}, \cdots, x_{n0})$，…，$(X_{1l}, x_{21}, \cdots, x_{n0})$ 处的函数值，非零系数可通过建立线性方程组并求解获得。重复这一过程，直到确定多项式序列 $P(X_1, x_{20}, \cdots, x_{n0})$，…，$P(X_1, x_{2d}, \cdots, x_{n0})$。

考虑出现在多项式序列中关于变元的某个单项式，$P(X_1, X_2, \cdots, x_{n0})$ 实际上是关于变元 X_2 的次数不超过 d 的多项式，称其为多项式 $f(X_2)$。

由计算已得到的 $d+1$ 个多项式 $P(X_1, x_{20}, \cdots, x_{n0})$，…，$P(X_1, x_{2d}, \cdots, x_{n0})$ 可确定 $f(X_2)$ 关于变元 X_2 在 x_{20}，…，x_{2d} 处的函数值。使用一般的插值法可确定关于变元 X_2 的多项式 $f(X_2)$。应用 $P(X_1, x_{2i}, \cdots, x_{n0})(i=0, 1, \cdots, d)$ 的所有系数可确定 $P(X_1, X_2, \cdots, x_{n0})$。

取 $x_{31} \neq x_{30}$，用类似的方式计算 $P(X_1, X_2, x_{31}, \cdots, x_{n0})$。取 t 对值 (x_{11}, x_{21})，…，(x_{1t}, x_{2t})，计算函数值 $P(x_{1i}, x_{2i}, x_{31}, \cdots, x_{n0})(i=1, 2, \cdots, t)$。建立线性方程组，求解系数可得 $P(X_1, X_2, x_{31}, \cdots, x_{n0})$。

重复这一过程，可得多项式序列 $P(X_1, X_2, x_{32}, \cdots, x_{n0})$，…，$P(X_1, X_2, x_{3d}, \cdots, x_{n0})$。由多项式序列 $P(X_1, X_2, x_{3i}, \cdots, x_{n0})(i=0, 1, \cdots, d)$，对变

元 X_3 插值可得 $P_3=P(X_1, X_2, X_3, \cdots, x_{n0})$。

很显然后续计算过程几乎都是一样的。算法 3.1 给出了稀疏多元多项式插值算法（Zippel 算法）的过程，其中目标多项式 F 能接收任意一组赋值并返回 F 在这组赋值下的结果。

算法 3.1　稀疏多元多项式插值算法（Zippel 算法）

输入

次数界 d，项数界 t；初始点 $(\alpha_1, \cdots, \alpha_n)$；目标多项式 $F(x_1, \cdots, x_n)$。

输出

返回多项式 $P(x_1, \cdots, x_n)$，其中每个变元的次数不超过 d，并且对于所有整数 b_i，有 $P(b_1, \cdots, b_n)=F(b_1, \cdots, b_n)$。

步骤

① 初始化。

② 迭代 n 次。令 i 表示变元下标，执行③～⑧，完成对 $x_i(i=1, 2, \cdots, n)$ 的插值。

③ 迭代 d 次。令 j 表示变元次数，从 1 迭代到 d，执行④～⑦的操作。

④ 初始化线性方程组。随机挑选 r_j，置 L 为空表，置 S 的长度为 t。

⑤ 迭代 t 次。令 k 表示项数，从 1 迭代到 t，执行⑥。

⑥ 建立线性方程组。随机挑选 $i-1$ 元组 Λ_k；在 L 中增加方程 $S(\Lambda_k)=F(\Lambda_k, r_j, a_{j+1}, \cdots, a_n)$。

⑦ 求解线性方程组。求解线性方程组 L，将解合并到 S 中，生成多项式 $p_j(x_1, \cdots, x_{i-1})$。

⑧ 引入 x_i。对 S 中每个多项式，从 p_0 到 p_d 中提取相应系数，结合 a_i，r_1，$\cdots$，r_j 完成插值，得到 S 中的每个单项式；令 p_0 是此次新生成的多项式，S 作为模板多项式。

⑨ 返回 P。

3.3.3　实例

【例 3-1】　以三个变元为例，令黑盒多项式 $P(x, y, z)=5x^2y+xz+3$，假定每个变元的次数上界 $d=2$。

(1) 选择初始点 $(x_0, y_0, z_0)=(1, 1, 1)$。

不失一般性，插值点的选取可令 $x_i=y_i=z_i=i+1(i=0, 1, 2, \cdots)$。

(2) 生成 $P(x, y_0, z_0)$。

此步确定黑盒多项式 $P(x, y, z)$ 关于变元 x 的函数关系式，其中 $y=y_0$，$z=z_0$。

选择插值点 $x_i(i=0, 1, 2, \cdots, d)$，利用黑盒获得多项式 P 在 (x_i, y_0, z_0) 处的函数值 $P(x_i, y_0, z_0)$。将 x_i 和 $P(x_i, y_0, z_0)$ 的值对应列出，如表 3-1所示。

表 3-1 x_i 和 $P(x_i, y_0, z_0)$ 的值

i	0	1	2
x_i	1	2	3
$P(x_i, y_0, z_0)$	9	25	51

由表 3-1，对变元 x 做单变元插值可得 $P(x, y_0, z_0)=5x^2+x+3$，所需插值点个数为 $d+1$。

(3) 生成 $P(x, y, z_0)$。

此步确定黑盒多项式 $P(x, y, z)$ 关于变元 x，y 的函数关系式，其中 $z=z_0$。根据(2)的计算结果，以 $P(x, y_0, z_0)$ 为模板多项式，令

$$P(x, y, z_0)=\sum_{i=0}^{k}C_i(y, z_0)x^{d_i}=C_k(y, z_0)x^{d_k}+\cdots+C_1(y, z_0)x^{d_1}+C_0(y, z_0)$$

其中 $P(x, y_0, z_0)$ 的项数为 $k+1$，$C_i(y, z)$ 是 x^{d_i} 的关于变元 y 的第 i 个系数多项式，其中 $z=z_0$。一旦获得 $C_i(y, z_0)(i=0, 1, \cdots, k)$，即可获得 $P(x, y, z_0)$。

$C_i(y, z_0)$ 可通过计算 C_i 在 $(y_j, z_0)(j=1, 2, \cdots, d)$ 处的一系列函数值，然后对第 i 个系数多项式关于变元 y 插值得到，$C_i(y_0, z_0)$ 处的值在 (2) 中已获得。建立 d 个线性方程组

$$\begin{bmatrix} x_0^{d_k} & \cdots & x_0^{d_1} & 1 \\ x_1^{d_k} & \cdots & x_1^{d_1} & 1 \\ \vdots & & \vdots & \vdots \\ x_k^{d_k} & \cdots & x_k^{d_1} & 1 \end{bmatrix}\begin{bmatrix} C_k(y_j, z_0) \\ C_{k-1}(y_j, z_0) \\ \vdots \\ C_0(y_j, z_0) \end{bmatrix}=\begin{bmatrix} P(x_0, y_j, z_0) \\ P(x_1, y_j, z_0) \\ \vdots \\ P(x_k, y_j, z_0) \end{bmatrix} \tag{3-1}$$

并求解，可得 $C_i(y_j, z_0)(i=0, 1, \cdots, k, j=1, 2, \cdots, d)$，即可生成多项式序列 $P(x, y_j, z_0)$。此时有足够插值点恢复 x 的各个系数多项式 $C_i(y, z_0)$。

此例中，由模板多项式 $P(x, y_0, z_0)=5x^2+x+3$，令

$$P(x, y, z_0)=C_2(y, z_0)\ x^2+C_1(y, z_0)\ x+C_0(y, z_0)$$

将 x_0，x_1，x_2 代入方程组 (3-1)，有形如

$$\begin{bmatrix} 1 & 1 & 1 \\ 4 & 2 & 1 \\ 9 & 3 & 1 \end{bmatrix}\begin{bmatrix} C_2(y_j, 1) \\ C_1(y_j, 1) \\ C_0(y_j, 1) \end{bmatrix}=\begin{bmatrix} P(1, y_j, 1) \\ P(2, y_j, 1) \\ P(3, y_j, 1) \end{bmatrix}$$

的线性方程组，当 $j=1, 2$ 时，即 $y_j=2, 3$ 时，有

$$P(x, y_1, z_0)=P(x, 2, 1)=10x^2+x+3$$
$$P(x, y_2, z_0)=P(x, 3, 1)=15x^2+x+3$$

将 C_0，C_1，C_2及 y_j 收集起来，其值如表 3-2 所示。

表 3-2　变元 y_j 及系数多项式 $C_i(y_j, z_0)$

y_j	1	2	3
$C_2(y_j, z_0)$	5	10	15
$C_1(y_j, z_0)$	1	1	1
$C_0(y_j, z_0)$	3	3	3

由表 3-2，对 x^{d_i} 的系数多项式关于 y 插值，得到 $C_i(y, z_0)(i=0, 1, \cdots, k)$，此例有 $C_2(y, z_0)=5y$，$C_1(y, z_0)=1$，$C_0(y, z_0)=3$。

所以黑盒多项式关于变元 x，y 的函数关系式为 $P(x, y, z_0)=5x^2y+x+3$，其中变元 z 的值固定为 z_0，所需插值点为 dk 个。

(4) 计算 $P(x, y, z)$。

同理，以(3)的结果 $P(x, y, z_0)$为模板多项式，令

$$P(x, y, z)=\sum_{i=0}^{t}C_i(z)x^{d_i}y^{e_i}=C_t(z)x^{d_t}y^{e_t}+\cdots+C_1(z)x^{d_1}y^{e_1}+C_0(z)$$

其中，t 是 $P(x, y, z_0)$的项数，$C_i(z)$是关于变元 x 和 y 的系数多项式。$C_i(z)$ 的计算同样可通过 $C_i(i=0, 1, \cdots, t)$在 $z_j(j=1, 2, \cdots, d)$ 处的一系列取值，然后插值得到。建立并求解方程组

$$\begin{bmatrix} x_0^{d_t}y_0^{e_t} & \cdots & x_0^{d_1}y_0^{e_1} & 1 \\ x_1^{d_t}y_1^{e_t} & \cdots & x_1^{d_1}y_1^{e_1} & 1 \\ \vdots & & \vdots & \vdots \\ x_t^{d_t}y_t^{e_t} & \cdots & x_t^{d_1}y_t^{e_1} & 1 \end{bmatrix}\begin{bmatrix} C_t(z_j) \\ C_{t-1}(z_j) \\ \vdots \\ C_0(z_j) \end{bmatrix}=\begin{bmatrix} P(x_0, y_0, z_j) \\ P(x_1, y_1, z_j) \\ \vdots \\ P(x_t, y_t, z_j) \end{bmatrix}$$

即可得到 $P(x, y, z_j)$。例如，此例中建立的线性方程组

$$\begin{bmatrix} 1 & 1 & 1 \\ 8 & 2 & 1 \\ 27 & 3 & 1 \end{bmatrix}\begin{bmatrix} C_2(z_j) \\ C_1(z_j) \\ C_0(z_j) \end{bmatrix}=\begin{bmatrix} P(1, 1, z_j) \\ P(2, 2, z_j) \\ P(3, 3, z_j) \end{bmatrix} \tag{3-2}$$

其中 $z_1=2$，$z_2=3$。求解可得 $P(x, y, z_1)=5x^2y+2x+3$，$P(x, y, z_2)=5x^2y+3x+3$。

将 z_j 和 $C_0(z_j)$、$C_1(z_j)$ 及 $C_2(z_j)$ 收集起来，其值如表 3-3 所示。

表 3-3 z_j 及各系数多项式的值

z_j	1	2	3
$C_2(z_j)$	5	5	5
$C_1(z_j)$	1	2	3
$C_0(z_j)$	3	3	3

由表 3-3，对每个系数多项式关于 z 插值可得 $C_2(z)=5$，$C_1(z)=z$，$C_0(z)=3$，所需插值点为 dt 个。

(5) 综合上述推导，黑盒多项式 $P(x, y, z)=5x^2y+xz+3$，所需插值点个数为 $d+1+(n-1)dt$，可表示为 $O(ndt)$。

3.4 Ben-Or/Tiwari 算法

给定含实(或复)系数的黑盒多元多项式 $P(x_1, \cdots, x_n)$，以 n 元组 $(\beta_1, \cdots, \beta_n)$为输入，黑盒计算并输出 $P(\beta_1, \cdots, \beta_n)$。黑盒多项式 $P(x_1, \cdots, x_n)$ 有至多 t 个非零系数（即 P 是稀疏的）。问题是给定这些信息，如何确定多项式 P 的全部系数，这就是经典的稀疏多元多项式插值问题。

此问题的有效算法是 Zippel（1979 年）提出的随机性算法，Ben-Or/Tiwari 算法是第一个有效的确定性多项式时间算法，运行时间和目标多项式项数相关。

表 3-4 比较了 Zippel 算法和 Ben-Or/Tiwari 算法。t 表示单项式项数的上界，d 表示变元次数上界，n 是变元个数，ε 是错误概率。

表 3-4 Zippel 算法和 Ben-Or/Tiwari 算法比较

指标	Zippel 算法	Ben-Or/Tiwari 算法
算法类型	概率性的	确定性的
操作数	ndt^3	t^2 $(\mathrm{lb}^2 t+\mathrm{lb}\, nd)$
赋值点个数	ndt	$2t$
赋值点长度（位）	$\mathrm{lb}\left(\frac{ndt}{\varepsilon}\right)$	$t\,\mathrm{lb}\, n$
可并行性	否	是

Ben-Or/Tiwari 算法是确定性的；Zippel 算法是逐个变元的插值，本质上是顺序的，完成此算法需要 n 个顺序阶段。Ben-Or/Tiwari 算法并非逐个变元的插值，而是一次性恢复整个多项式，而且该算法所需的插值点个数仅与目标多项式

的项数相关，同时暗含了如下结论：该算法所需赋值个数是线性的（恰为 $2t$），算法不需要已知次数 d。同时证明了对于此类插值问题，赋值点个数不会低于 $2t$。

下面给出 Ben-Or/Tiwari 算法中使用的记号和相关定义。令

$$P(X)=P(x_1, x_2, \cdots, x_n)=\sum_{i=1}^{t}a_iM_i(x_1, x_2, \cdots, x_n)$$

其中 $M_i=x_1^{\alpha_{i1}}\cdots x_n^{\alpha_{in}}$，$\alpha_{ij}\in Z$；$a_i\in C$，是 $P(x_1, x_2, \cdots, x_n)$ 中的 t 个互不相同的单项式。令 k 是 $P(x_1, x_2, \cdots, x_n)$ 中非零系数的准确个数。给定黑盒多项式项数界 t，满足 $k\leqslant t$，多元多项式稀疏插值的目标是确定 $a_i\neq 0$ 及 $\alpha_{il}(i=1, 2, \cdots, k, l=1, 2, \cdots, n)$，恢复多项式 $P(X)$。

记 p_i 为第 i 个素数，即 $p_1=2$，$p_2=3$，$p_3=5$，…，计算 $P(X)$ 在 $2t$ 个点 $u_i=(p_1^i, p_2^i, \cdots, p_n^i)(i=0, 1, \cdots, 2t-1)$ 处的函数值，令 $v_i=P(u_i)$。

3.4.1 算法思想

Ben-Or/Tiwari 算法考虑以下两种情形。

(1) 当 $k=t$ 时，此时使用 $2t$ 个插值点 u_i 就可重建多项式 $P(X)$。

令 $m_i=M_i(u_i)$，其中 $M_i(x_1, \cdots, x_n)=x_1^{\alpha_{i1}}x_2^{\alpha_{i2}}\cdots x_n^{\alpha_{in}}$ 是出现在 $P(x_1, x_2, \cdots, x_n)$ 中的第 i 个单项式，算法的第一个阶段是计算指数部分 α_{ij}，第二个阶段是计算系数 a_i。

① 计算指数 α_{ij}。

令 $\mathbf{V}$ 是 $t\times t$ 的矩阵，元素定义为 v_{i+j-2}，$\boldsymbol{\lambda}$ 和 $\boldsymbol{s}$ 是元素个数为 t 的列向量，第 i 个元素分别是 λ_{i-1} 和 v_{t+i-1}，建立方程组 $\mathbf{V}\boldsymbol{\lambda}=-\boldsymbol{s}$，

$$\begin{bmatrix} v_0 & v_1 & \cdots & v_{t-1} \\ v_1 & v_2 & \cdots & v_t \\ \vdots & \vdots & & \vdots \\ v_{t-1} & v_t & \cdots & v_{2t-2} \end{bmatrix}\begin{bmatrix} \lambda_0 \\ \lambda_1 \\ \vdots \\ \lambda_{t-1} \end{bmatrix}=-\begin{bmatrix} v_t \\ v_{t+1} \\ \vdots \\ v_{2t-1} \end{bmatrix}$$

因为 $\mathbf{V}$ 是非奇异矩阵，可解出系数 λ_i。

当多元多项式项数 t 未知或只知道 t 的上界时，需要先对建立的矩阵 $\mathbf{V}$ 求秩，确定实际项数。

定义多项式 $\Lambda(z)=\sum_{i=0}^{t}\lambda_i z^i$，$\lambda_t=1$，对 $\Lambda(z)=0$ 求解得到 m_i。将 m_i 按素数幂次进行分解 $m_i=p_1{}^{\alpha_{i1}}p_2{}^{\alpha_{i2}}\cdots p_n{}^{\alpha_{in}}$（素数为最初给定插值点的素数值），即为第 i 个单项式 $M_i=x_1{}^{\alpha_{i1}}x_2{}^{\alpha_{i2}}\cdots x_n{}^{\alpha_{in}}$。

② 计算系数 a_i。

令 $\boldsymbol{M}$ 是 $t\times t$ 的矩阵，元素定义为 m_j^{i-1}。$\boldsymbol{a}$ 和 $\boldsymbol{v}$ 是元素个数为 t 的列向量，第 i

个元素分别是a_i和v_{i-1}。建立线性方程组

$$\begin{bmatrix} 1 & 1 & \cdots & 1 \\ m_1 & m_2 & \cdots & m_t \\ \vdots & \vdots & & \vdots \\ m_1^{t-1} & m_2^{t-1} & \cdots & m_t^{t-1} \end{bmatrix} \begin{bmatrix} a_1 \\ a_2 \\ \vdots \\ a_t \end{bmatrix} = \begin{bmatrix} v_0 \\ v_1 \\ \vdots \\ v_{t-1} \end{bmatrix}$$

求解$\boldsymbol{Ma}=\boldsymbol{v}$可确定系数向量$\boldsymbol{a}$，因为$\boldsymbol{M}$是非奇异 Vandermonde 矩阵。

(2) 当$k \leqslant t$时，定理 3.1 可确定出现在$P(x)$中单项式的准确个数。

令$\boldsymbol{V}$是$t \times t$的矩阵，$\boldsymbol{V}_l$是$\boldsymbol{V}$的前l行和前l列构成的方阵。

定理 3.1 如果k是出现在$P(X)$中单项式的准确个数，那么

(1) $\det(\boldsymbol{V}_l) = \sum_{s \subset \{1, 2, \cdots, k\}, |s|=l} \left\{ \prod_{i \in S} a_i \prod_{i>j, i, j \in S} (m_i - m_j)^2 \right\}, \quad l \leqslant k$

(2) $\det(\boldsymbol{V}_l) = 0, \quad l > k$

3.4.2 算法描述

Ben-Or 和 Tiwari 提出的稀疏多元多项式插值算法如算法 3.2 所述。

算法 3.2 Ben-Or/Tiwari 算法

输入

含n个变元、项数上界为t的稀疏多元多项式黑盒。

输出

$P(X)$中出现的所有单项式和它们的系数。

步骤

① 当$i=0, 1, 2, \cdots, 2t-1$时，计算多元多项式$P(X)$在$u_i=(2^i, 3^i, \cdots, p^i)$的值。令$v_i=P(u_i)$。

② 设$t \times t$矩阵$\boldsymbol{V}$的秩为k，将$\boldsymbol{V}$的元素定义为v_{i+j-2}。

③ 解方程组$\bar{\boldsymbol{V}}\boldsymbol{\lambda}=-\boldsymbol{s}$。

④ 求出多项式$\Lambda(z) = z^k + \sum_{i=0}^{k-1} \lambda_i z^i$的根$m_1, m_2, \cdots, m_k$。

⑤ 分解$m_i = 2^{\alpha_{i1}} 3^{\alpha_{i2}} \cdots p^{\alpha_{in}}$，确定$P(X)$的单项式。

⑥ 解方程组$\boldsymbol{Ma}=\boldsymbol{v}$，确定给定多项式的系数。

⑦ 输出多项式$\sum_{i=1}^{k} a_i x_1^{\alpha_{i1}} x_2^{\alpha_{i2}} \cdots x_n^{\alpha_{in}}$。

3.4.3　实例

【例 3－2】 假设黑盒多项式是关于变元 x_1，x_2，项数不超过 3 的稀疏多元多项式 $P(x_1,\ x_2)=2x_1+x_1x_2$。给出用 Ben－Or/Tiwari 算法恢复多元多项式 P 的过程。

解　对应算法 3.2 的 7 个步骤，Ben－Or/Tiwari 算法过程如下。

① 对于 $i=1$，2，3，4，5，求出多项式 $P(X)$在点 $u_i=(2^i,\ 3^i)$ 处的函数值，分别为

$$v_0=P(1,\ 1)=3,\ v_1=P(2,\ 3)=10,\ v_2=P(4,\ 9)=44$$
$$v_3=P(8,\ 27)=232,\ v_4=P(16,\ 81)=1\ 328,\ v_5=P(32,\ 243)=7\ 840$$

② 定义 $t\times t$ 矩阵 $\mathbf{V}$，即

$$\mathbf{V}=\begin{bmatrix} v_0 & v_1 & v_2 \\ v_1 & v_2 & v_3 \\ v_2 & v_3 & v_4 \end{bmatrix}=\begin{bmatrix} 3 & 10 & 44 \\ 10 & 44 & 232 \\ 44 & 232 & 1\ 328 \end{bmatrix}$$

求出矩阵 $\mathbf{V}$ 的秩 $k=2$。

③ 建立线性方程组 $\bar{\mathbf{V}}\boldsymbol{\lambda}=-\boldsymbol{s}$，即

$$\begin{bmatrix} v_0 & v_1 \\ v_1 & v_2 \end{bmatrix}\begin{bmatrix} \lambda_0 \\ \lambda_1 \end{bmatrix}=-\begin{bmatrix} v_2 \\ v_3 \end{bmatrix}$$

解上述方程组，得到 $\lambda_0=12$，$\lambda_1=-8$。

④ 构造多项式

$$\Lambda(z)=z^2+\lambda_1 z+\lambda_0=z^2-8z+12$$

求出多项式 $\Lambda(z)$ 的根 $m_1=2$，$m_2=6$。

⑤ 分解 $m_1=2=2^1\times 3^0$，$m_2=6=2^1\times 3^1$，可确定 $P(X)$ 的单项式

$$M_1=x_1,\ M_2=x_1x_2$$

⑥ 解方程组 $\boldsymbol{Ma}=\boldsymbol{v}$，确定给定多项式的系数，即

$$\begin{bmatrix} m_1^0 & m_2^0 \\ m_1^1 & m_2^1 \end{bmatrix}\begin{bmatrix} a_1 \\ a_2 \end{bmatrix}=\begin{bmatrix} v_0 \\ v_1 \end{bmatrix}$$
$$\begin{bmatrix} 1 & 1 \\ 2 & 6 \end{bmatrix}\begin{bmatrix} a_1 \\ a_2 \end{bmatrix}=\begin{bmatrix} 3 \\ 10 \end{bmatrix}$$

可得 $a_1=2$，$a_2=1$。

⑦ 输出多项式 $P(X)=2x_1+x_1x_2$。

3.5 Javadi/Monagan 算法

本节给出 Javadi 和 Monagan 在 2010 年提出的一种在有限域上求解用黑盒表示的稀疏多元多项式插值问题的概率算法。该算法对 Ben－Or 和 Tiwari 在 1988 年提出的算法进行了改动，通过增加额外的插值点，插值多项式从特征为 0 的环扩展到了特征为 p 的环。

对具有 n 个变元、t 个非零项的多项式进行插值，在 Zippel 算法中，一次对一个变元插值，使用了 $O(ndt)$ 个黑盒插值点，其中 d 是多项式的次数上界；而 Javadi/Monagan 算法所需插值点个数为 $O(nt)$，对每个变元插值时使用 $O(t)$ 个插值点，由于每个变元插值过程是独立的，因此可并行化，这是优于 Zippel 算法之处。

本书作者在 C 环境下实现了 Zippel 算法和 Javadi/Monagan 算法，使用 Cilk 实现了 Javadi/Monagan 算法的并行部分。下文给出了测试用例对 Javadi/Monagan 算法、Zippel 算法和 Kaltofen/Lee 算法的比较。

3.5.1 算法思想

首先给出定义和记号。令 $f=\sum_{i=1}^{t}C_iM_i\in Z_p[x_1, \cdots, x_n]$，是用黑盒 B：$Z_p^n\to Z_p$ 表示的多元多项式，其中 $C_i\in Z_p\backslash\{0\}$，$t$ 是 f 的非零项的个数，$M_i=x_1^{e_{i1}}x_2^{e_{i2}}\cdots x_n^{e_{in}}$，是 f 的第 i 个单项式，且当 $i\neq j$ 时，$M_i\neq M_j$。

令 $T\geqslant t$ 是 f 中非零项数的上界（项数界），$d\geqslant \deg f$ 是多项式 f 的次数界，满足 $d\geqslant\sum_{j=1}^{n}e_{ij}$ $(1\leqslant i\leqslant t)$。下面用实例说明 Javadi/Monagan 算法的思想，这里用变元符号 x，y，z 替换 x_1，x_2，x_3。

3.5.2 算法实例

令 $f=91yz^2+94x^2yz+61x^2y^2z+42z^5+1$，$p=101$，$t=5$，$n=3$。假定给定的黑盒 B 能计算 f 在 Z_p 上的值，目标是插值恢复 f。我们使用 $T=5$ 及 $d=5$ 作为项数界和次数界。

① 在 Z_p 中随机选择 n 个非零元素 α_1，α_2，$\cdots$，α_n，计算黑盒在点

$$(\alpha_1^i, \alpha_2^i, \cdots, \alpha_n^i), 0\leqslant i\leqslant 2T-1$$

处的函数值。

至此使用了 $2T$ 个插值点，令 $V=(v_0, v_1, \cdots, v_{2T-1})$ 是黑盒输出。此例中，

对随机点 $\alpha_1=45$，$\alpha_2=6$，$\alpha_3=69$，得到

$$V=(87,\ 26,\ 15,\ 94,\ 63,\ 15,\ 49,\ 74,\ 43,\ 71)$$

② 使用 Berlekamp/Massey 算法计算序列 V 的线性生成器。该算法的输入是任一域 F 上的元素序列 s_0，s_1，…，s_{2t-1}，…，计算输出该序列的一个线性生成器，即单变元多项式 $\Lambda(Z)=Z^t-\lambda_{t-1}Z^{t-1}-\cdots-\lambda_0$，对所有 $i\geqslant 0$，满足

$$s_{t+i}=\lambda_{t-1}s_{t+i-1}+\lambda_{t-2}s_{t+i-2}+\cdots+\lambda_0 s_i$$

在本例中，$F=Z_p$，输入为 $V=(v_0,\ v_1,\ \cdots,\ v_{2T-1})$，输出为

$$\Lambda_1(z)=z^5+80z^4+84z^3+16z^2+74z+48$$

③ 选择 n 个非零元素 $(b_1,\ \cdots,\ b_n)\in Z_p^n$，满足 $b_k\neq\alpha_k$，$1\leqslant k\leqslant n$。

本例中，选择 $b_1=44$，$b_2=91$，$b_3=18$。现在对 $0\leqslant i\leqslant 2T-1$ 选择插值点 $(b_1^i,\ \alpha_2^i,\ \cdots,\ \alpha_n^i)$，注意到此时的第 1 个变元赋值为 b_1 而不是 α_1。计算黑盒在这些点处的值，应用 Berlekamp/Massey 算法得到第 2 个线性生成器

$$\Lambda_2(z)=z^5+48z^4+92z^3+9z^2+91z+62$$

重复上述过程，用 b_2 替代 α_2，获得黑盒在赋值点 $(\alpha_1^i,\ b_2^i,\ \cdots,\ \alpha_n^i)\in Z_p^n$ 处的函数值，得到第 3 个线性生成器

$$\Lambda_3(z)=z^5+42z^4+73z^3+73z^2+73z+41$$

同理，对 $(\alpha_1^i,\ \alpha_2^i,\ b_3^i)$，得到第 4 个线性生成器

$$\Lambda_4(z)=z^5+42z^4+8z^3+94z^2+68z+59$$

注意，计算线性生成器 Λ_1，…，Λ_{n+1} 可并行化，共需 $2nT$ 个插值点。

已知对于每组赋值点，如果 Z_p 上的单项式的值互不相同，那么 $\deg_z(\Lambda_i)=t(1\leqslant i\leqslant n)$，且每个 Λ_i 在 Z_p 上有 t 个非零根。Ben－Or 和 Tiwari 证明了对 $1\leqslant i\leqslant t$，存在 $1\leqslant j\leqslant t$ 满足

$$m_i=M_i(\alpha_1,\ \cdots,\ \alpha_n)\equiv r_{0j}\bmod p$$

其中，r_{01}，…，r_{0t} 是 Λ_1 的根，即第 i 个单项式 $M_i(x_1,\ x_2,\ \cdots,\ x_n)$ 在 $(\alpha_1,\ \alpha_2,\ \cdots,\ \alpha_n)$ 处的值 m_1 为 Λ_1 的某个根。

接下来计算 Λ_i 的根 $r_{(i-1)1}$，…，$r_{(i-1)t}$，有

$$\{r_{01}=1,\ r_{02}=50,\ r_{03}=84,\ r_{04}=91,\ r_{05}=98\}$$
$$\{r_{11}=1,\ r_{12}=10,\ r_{13}=69,\ r_{14}=84,\ r_{15}=91\}$$
$$\{r_{21}=1,\ r_{22}=25,\ r_{23}=69,\ r_{24}=75,\ r_{25}=91\}$$
$$\{r_{31}=1,\ r_{32}=8,\ r_{33}=25,\ r_{34}=35,\ r_{35}=60\}$$

④ 算法的关键在于确定 f 中的每个单项式 M_i 中每个变元的次数。考虑第 1 个变元 x，已知 $m_i'=M_i(b_1, \alpha_2, \cdots, \alpha_n)(1\leqslant i\leqslant n)$ 是 Λ_2 的一个根，另外又知等式关系

$$\frac{m_i'}{m_i}=\frac{M_i(b_1, \alpha_2, \cdots, \alpha_n)}{M_i(\alpha_1, \alpha_2, \cdots, \alpha_n)}=\left(\frac{b_1}{\alpha_1}\right)^{e_{i1}}$$

令 $r_{0j}=M_i(\alpha_1, \alpha_2, .., \alpha_n)$，$r_{1k}=M_i(b_1, \alpha_2, .., \alpha_n)$，由上述等式关系有

$$r_{1k}=r_{0j}\times\left(\frac{b_1}{\alpha_1}\right)^{e_{i1}}$$

即对 Λ_1 的每个根 r_{0j}，存在 f 中的某个单项式，其中 x 的次数为 e_{i1}，满足 $r_{0j}\times\left(\frac{b_1}{\alpha_1}\right)^{e_{i1}}$ 是 Λ_2 的一个根。这就给出了计算单项式 M_i 关于变元 x 的次数的方法。

⑤ 本例中有 $\frac{b_1}{\alpha_1}=93$，从 Λ_1 的第 1 个根开始，检查 $r_{01}\times\left(\frac{b_1}{\alpha_1}\right)^0=1$ 是否是 Λ_2 的一个根。检查的方法是验证 $\Lambda_2(z)$ 在 $z=r_{01}\times\left(\frac{b_1}{\alpha_1}\right)^i(0\leqslant i\leqslant d)$ 处的值是否为零，此操作的时间复杂度为 $O(t)$。也可将 Λ_2 的根排序，使用二分搜索在 $O(\text{lb}\ t)$ 时间内完成。对 $r_{01}=1$ 有 $r_{01}\times\left(\frac{b_1}{\alpha_1}\right)^0=1$ 是 Λ_2 的一个根，且对于 $0<i\leqslant d$，$r_{01}\times\left(\frac{b_1}{\alpha_1}\right)^i$ 不是 Λ_2 的根。因此结论是 f 的第一个单项式关于 x 的次数是 0。同理，求出 f 的变元 x 在所有单项式中的次数(计算过程如表 3-5 所示)，有

$$e_{11}=0,\ e_{21}=2,\ e_{31}=0,\ e_{41}=0,\ e_{51}=2$$

表 3-5 变元 x 在单项式 M_i 中的次数计算表

r_{01}	$r_{01}\times\left(\frac{b_1}{\alpha_1}\right)^0$	$r_{01}\times\left(\frac{b_1}{\alpha_1}\right)^1$	$r_{01}\times\left(\frac{b_1}{\alpha_1}\right)^2$	$r_{01}\times\left(\frac{b_1}{\alpha_1}\right)^3$	$r_{01}\times\left(\frac{b_1}{\alpha_1}\right)^4$	$r_{01}\times\left(\frac{b_1}{\alpha_1}\right)^5$
1	$1\in\Lambda_2$	93	64	94	56	57
r_{02}	$r_{02}\times\left(\frac{b_1}{\alpha_1}\right)^0$	$r_{02}\times\left(\frac{b_1}{\alpha_1}\right)^1$	$r_{02}\times\left(\frac{b_1}{\alpha_1}\right)^2$	$r_{02}\times\left(\frac{b_1}{\alpha_1}\right)^3$	$r_{02}\times\left(\frac{b_1}{\alpha_1}\right)^4$	$r_{02}\times\left(\frac{b_1}{\alpha_1}\right)^5$
50	50	4	$69\in\Lambda_2$	54	73	22
r_{03}	$r_{03}\times\left(\frac{b_1}{\alpha_1}\right)^0$	$r_{03}\times\left(\frac{b_1}{\alpha_1}\right)^1$	$r_{03}\times\left(\frac{b_1}{\alpha_1}\right)^2$	$r_{03}\times\left(\frac{b_1}{\alpha_1}\right)^3$	$r_{03}\times\left(\frac{b_1}{\alpha_1}\right)^4$	$r_{03}\times\left(\frac{b_1}{\alpha_1}\right)^5$
84	$84\in\Lambda_2$	35	23	18	58	41

续表

r_{04}	$r_{04}\times\left(\frac{b_1}{\alpha_1}\right)^0$	$r_{04}\times\left(\frac{b_1}{\alpha_1}\right)^1$	$r_{04}\times\left(\frac{b_1}{\alpha_1}\right)^2$	$r_{04}\times\left(\frac{b_1}{\alpha_1}\right)^3$	$r_{04}\times\left(\frac{b_1}{\alpha_1}\right)^4$	$r_{04}\times\left(\frac{b_1}{\alpha_1}\right)^5$
91	$91\in\Lambda_2$	80	67	70	46	36
r_{05}	$r_{05}\times\left(\frac{b_1}{\alpha_1}\right)^0$	$r_{05}\times\left(\frac{b_1}{\alpha_1}\right)^1$	$r_{05}\times\left(\frac{b_1}{\alpha_1}\right)^2$	$r_{05}\times\left(\frac{b_1}{\alpha_1}\right)^3$	$r_{05}\times\left(\frac{b_1}{\alpha_1}\right)^4$	$r_{05}\times\left(\frac{b_1}{\alpha_1}\right)^5$
98	98	24	$10\in\Lambda_2$	21	34	31

⑥ 接下来处理变元 y。使用上述方法，求出第二个变元 y 的各个单项式中的次数，

$$e_{12}=0,\ e_{22}=1,\ e_{32}=1,\ e_{42}=0,\ e_{52}=2$$

计算过程如表 3－6 所示。

表 3－6 变元 y 在单项式 M_i 中的次数计算表

r_{01}	$r_{01}\times\left(\frac{b_2}{\alpha_2}\right)^0$	$r_{01}\times\left(\frac{b_2}{\alpha_2}\right)^1$	$r_{01}\times\left(\frac{b_2}{\alpha_2}\right)^2$	$r_{01}\times\left(\frac{b_2}{\alpha_2}\right)^3$	$r_{01}\times\left(\frac{b_2}{\alpha_2}\right)^4$	$r_{01}\times\left(\frac{b_2}{\alpha_2}\right)^5$
1	$1\in\Lambda_3$	52	78	16	24	36
r_{02}	$r_{02}\times\left(\frac{b_2}{\alpha_2}\right)^0$	$r_{02}\times\left(\frac{b_2}{\alpha_2}\right)^1$	$r_{02}\times\left(\frac{b_2}{\alpha_2}\right)^2$	$r_{02}\times\left(\frac{b_2}{\alpha_2}\right)^3$	$r_{02}\times\left(\frac{b_2}{\alpha_2}\right)^4$	$r_{02}\times\left(\frac{b_2}{\alpha_2}\right)^5$
50	50	$75\in\Lambda_3$	62	93	89	83
r_{03}	$r_{03}\times\left(\frac{b_2}{\alpha_2}\right)^0$	$r_{03}\times\left(\frac{b_2}{\alpha_2}\right)^1$	$r_{03}\times\left(\frac{b_2}{\alpha_2}\right)^2$	$r_{03}\times\left(\frac{b_2}{\alpha_2}\right)^3$	$r_{03}\times\left(\frac{b_2}{\alpha_2}\right)^4$	$r_{03}\times\left(\frac{b_2}{\alpha_2}\right)^5$
84	84	$25\in\Lambda_3$	88	31	97	95
r_{04}	$r_{04}\times\left(\frac{b_2}{\alpha_2}\right)^0$	$r_{04}\times\left(\frac{b_2}{\alpha_2}\right)^1$	$r_{04}\times\left(\frac{b_2}{\alpha_2}\right)^2$	$r_{04}\times\left(\frac{b_2}{\alpha_2}\right)^3$	$r_{04}\times\left(\frac{b_2}{\alpha_2}\right)^4$	$r_{04}\times\left(\frac{b_2}{\alpha_2}\right)^5$
91	$91\in\Lambda_3$	86	28	42	63	44
r_{05}	$r_{05}\times\left(\frac{b_2}{\alpha_2}\right)^0$	$r_{05}\times\left(\frac{b_2}{\alpha_2}\right)^1$	$r_{05}\times\left(\frac{b_2}{\alpha_2}\right)^2$	$r_{05}\times\left(\frac{b_2}{\alpha_2}\right)^3$	$r_{05}\times\left(\frac{b_2}{\alpha_2}\right)^4$	$r_{05}\times\left(\frac{b_2}{\alpha_2}\right)^5$
98	98	46	$69\in\Lambda_3$	53	29	94

同理，求出 z 的次数

$$e_{13}=0,\ e_{23}=1,\ e_{33}=2,\ e_{43}=5,\ e_{53}=1$$

计算过程如表 3－7 所示。

表 3-7 变元 z 在单项式 M_i 中的次数计算表

r_{01}	$r_{01}\times\left(\frac{b_3}{\alpha_3}\right)^0$	$r_{01}\times\left(\frac{b_3}{\alpha_3}\right)^1$	$r_{01}\times\left(\frac{b_3}{\alpha_3}\right)^2$	$r_{01}\times\left(\frac{b_3}{\alpha_3}\right)^3$	$r_{01}\times\left(\frac{b_3}{\alpha_3}\right)^4$	$r_{01}\times\left(\frac{b_3}{\alpha_3}\right)^5$
1	$1\in\Lambda_4$	31	52	97	78	95
r_{02}	$r_{02}\times\left(\frac{b_3}{\alpha_3}\right)^0$	$r_{02}\times\left(\frac{b_3}{\alpha_3}\right)^1$	$r_{02}\times\left(\frac{b_3}{\alpha_3}\right)^2$	$r_{02}\times\left(\frac{b_3}{\alpha_3}\right)^3$	$r_{02}\times\left(\frac{b_3}{\alpha_3}\right)^4$	$r_{02}\times\left(\frac{b_3}{\alpha_3}\right)^5$
50	50	$35\in\Lambda_4$	75	2	62	3
r_{03}	$r_{03}\times\left(\frac{b_3}{\alpha_3}\right)^0$	$r_{03}\times\left(\frac{b_3}{\alpha_3}\right)^1$	$r_{03}\times\left(\frac{b_3}{\alpha_3}\right)^2$	$r_{03}\times\left(\frac{b_3}{\alpha_3}\right)^3$	$r_{03}\times\left(\frac{b_3}{\alpha_3}\right)^4$	$r_{03}\times\left(\frac{b_3}{\alpha_3}\right)^5$
84	84	79	$25\in\Lambda_4$	68	88	1
r_{04}	$r_{04}\times\left(\frac{b_3}{\alpha_3}\right)^0$	$r_{04}\times\left(\frac{b_3}{\alpha_3}\right)^1$	$r_{04}\times\left(\frac{b_3}{\alpha_3}\right)^2$	$r_{04}\times\left(\frac{b_3}{\alpha_3}\right)^3$	$r_{04}\times\left(\frac{b_3}{\alpha_3}\right)^4$	$r_{04}\times\left(\frac{b_3}{\alpha_3}\right)^5$
91	91	94	86	40	28	$60\in\Lambda_4$
r_{05}	$r_{05}\times\left(\frac{b_3}{\alpha_3}\right)^0$	$r_{05}\times\left(\frac{b_3}{\alpha_3}\right)^1$	$r_{05}\times\left(\frac{b_3}{\alpha_3}\right)^2$	$r_{05}\times\left(\frac{b_3}{\alpha_3}\right)^3$	$r_{05}\times\left(\frac{b_3}{\alpha_3}\right)^4$	$r_{05}\times\left(\frac{b_3}{\alpha_3}\right)^5$
98	98	$8\in\Lambda_4$	46	12	69	18

注意到 $M_i=x_1^{e_{i1}}x_2^{e_{i2}}\cdots x_n^{e_{in}}$，因此有

$$M_1=1,\ M_2=x^2yz,\ M_3=yz^2,\ M_4=z^5,\ M_5=x^2y^2z$$

一旦得到 $\Lambda_1(z)$，就可确定计算每个变元在单项式 M_i 中的次数是 n 个独立的过程，因此可并行化。

⑦ 计算系数。

获得系数的过程需要求解一个线性方程组。我们已计算出 $\Lambda_1(z)$的根，得到单项式满足 $M_i(\alpha_1,\ \alpha_2,\ \cdots,\ \alpha_n)=r_{0i}$。$v_i$ 是黑盒在$(\alpha_1^i,\ \alpha_2^i,\ \cdots,\ \alpha_n^i)$ 的输出，有

$$v_i=c_1r_{01}^i+c_2r_{02}^i+\cdots+c_tr_{0t}^i,\ 0\leqslant i\leqslant 2t-1$$

这是 Vandermonde 系统，能在 $O(t^2)$时间内求解。此例有 $c_1=1$，$c_2=94$，$c_3=91$，$c_4=42$，$c_5=61$。

因此 $g=1+94x^2yz+91yz^2+42z^2+61x^2y^2z$ 是我们得到的插值多项式。若 p 充分大，则 $g=f$ 是高概率的。可以这样检查，选择随机点$(\alpha_1,\ \cdots,\ \alpha_n)$，验证 $B(\alpha_1,\ \cdots,\ \alpha_n)$是否等于 $g(\alpha_1,\ \cdots,\ \alpha_n)$。如果相等，返回 g；否则失败。

3.5.3 数值实验

为了比较 Javadi/Monagan 算法、Kaltofen/Lee 算法和 Zippel 算法 3 种算法的性能，本书给出了 4 组实验，实验中的多项式都是随机生成的。比较的对象为各个

算法使用的插值点个数及运行时间（以秒为单位），编程环境为 Linux 操作系统和 Maple 13。

在实验中，黑盒多元多项式的系数属于 Z_p，其中 $p=2\ 114\ 977\ 793$，是一个 31 位素数。在实验中，黑盒的功能是计算输出给定点处的函数值。关于黑盒赋值计算的时间分析如下：利用循环计算 $x_i^j \bmod p$ 的值，时间复杂度为$O(nd)$，接着对包含 t 项的多项式赋值，时间复杂度为 $O(nt)$，因此在 Z_p 内黑盒赋值共需 $O(nd+nt)$次算术运算。

1. 实验一

本组实验包含 3 个变元的 13 个多元多项式，第 i 个($1\leqslant i\leqslant 13$)多项式使用如下的 Maple 命令随机生成：

```
> randpoly([x1,x2,x3],term= 2^i,degree= 30)bmodp;
```

第 i 个多项式有 2^i 个非零项，$D=30$ 是全次数，因此每个多项式的最大项数是 $t_{\max}=\binom{n+D}{D}=5\ 456$。Zippel 算法和 Javadi/Monagan 算法中给定的项数界为 $d=30$。运行时间和插值点个数如表 3-8 所示。表中“DNF”表示 12 h 内未能执行完毕。

表 3-8 运行时间和插值点个数($n=3$, $D=30$)

i	t	Javadi/Monagan Algorithm		Zippel Algorithm		Kaltofen/Lee Algorithm
		Time	Probes	Time	Probes	Probes
1	2	0.00 (0.00)	13	0.00	217	20
2	4	0.00 (0.00)	25	0.00	341	39
3	8	0.00 (0.00)	49	0.00	558	79
4	16	0.00 (0.00)	97	0.01	868	156
5	32	0.00 (0.00)	193	0.01	1 519	282
6	64	0.01 (0.00)	385	0.03	2 573	517
7	128	0.02 (0.01)	769	0.08	4 402	962
8	253	0.08 (0.03)	1 519	0.21	6 417	1 737
9	512	0.17 (0.09)	3 073	0.55	9 734	3 119
10	1 015	0.87 (0.29)	6 091	1.16	12 400	5627
11	2 041	3.06 (1.01)	12 247	2.43	15 128	DNF
12	4 081	10.99 (3.71)	24 487	4.56	16 182	DNF
13	5 430	19.02 (6.23)	32 581	5.93	16 430	DNF

注：括号内的数字表示 4 核时的运行结果，下同。

随着 i 的增加，多项式 f 越来越稠密。对于 $i>6$，f 的项数超过$\sqrt{t_{max}}$。表3－8中的水平线表明这个界限，可以用此界近似地划分稀疏输入和稠密输入。最后一个 $i=13$ 的多项式，稠密度为 99.5%。

表 3－8 的数据表明，对稀疏多项式，Javadi/Monagan 算法与 Zippel 算法和竞争算法相比所需插值点更少。对于包含 t 个非零项的完全稠密的多项式，Zippel 算法需要 $O(t)$个插值点，而 Javadi/Monagan 算法需要 $O(nt)$个插值点。

对 Javadi/Monagan 算法和 Zippel 算法在相同的多项式集上做实验，但是使用了一个较高的次数界 $d=100$，运行时间及插值点个数如表 3－9 所示，可见 Javadi/Monagan算法未受到较高次数界的影响，插值点个数与 $d=30$ 时完全一样，运行时间与 $d=30$ 相差无几。

表 3－9　运行时间和插值点个数(d=100)

i	t	Javadi/Monagan Algorithm		Zippel Algorithm	
		Time	Probes	Time	Probes
1	2	0.00 (0.00)	13	0.01	707
2	4	0.00 (0.00)	25	0.01	1 111
3	8	0.00 (0.00)	49	0.02	1 818
4	16	0.00 (0.00)	97	0.03	2 828
5	32	0.00 (0.00)	193	0.07	4 949
6	64	0.01 (0.00)	385	0.14	8 383
7	128	0.03 (0.01)	769	0.36	14 342
8	253	0.09 (0.03)	1 519	0.79	20 907
9	512	0.29 (0.10)	3 073	1.97	20 907
10	1 015	0.89 (0.31)	6 091	3.97	40 400
11	2 041	3.08 (1.02)	12 247	8.18	49 288
12	4 081	10.98 (3.61)	24 487	15.16	52 722
13	5 430	18.92 (6.19)	32 581	19.62	53 530

2. 实验二

本组实验为包含 3 个变元的 13 个多元多项式，第 i 个多项式使用如下 Maple 命令随机产生：

```
> randpoly([x1,x2,x3],terms= 2^i,deg ree= 100)mod p;
```

本组实验中多项式集与第 1 组实验的不同之处在于每个单项式的全次数是100。运行Javadi/Monagan算法及 Zippel 算法时项数界设置为 $d=100$，运行时间和插值点个数如表3－10所示。与表 3－8 对比，发现 Javadi/Monagan 算法插值点个数不依赖于目标多项式的全次数。

表 3-10　运行时间和插值点个数(n=3，D=30)

i	t	Javadi/Monagan Algorithm		Zippel Algorithm		Kaltofen/Lee Algorithm
		Time	Probes	Time	Probes	Probes
3	8	0.00 (0.00)	49	0.02	1 919	89
16	4	0.00 (0.00)	97	0.04	3 434	167
5	31	0.00 (0.00)	187	0.08	6 161	320
6	64	0.01 (0.00)	385	0.19	10 504	623
7	127	0.03 (0.01)	763	0.49	18 887	1 149
8	253	0.09 (0.03)	1 519	1.38	32 219	2 137
9	511	0.29 (0.10)	3 067	4.36	56 863	4 103
10	1 017	0.91 (0.31)	6 103	13.99	98 677	7 836
11	2 037	3.07 (1.04)	12 223	43.23	166 650	DNF
12	4 076	11.02 (3.61)	24 457	121.68	262 802	DNF
13	8 147	40.68 (13.32)	48 883	282.83	359 863	DNF

3. 实验三和实验四

这两组实验分别包含变元为 6 和变元为 12 的 14 个随机多元多项式，全次数 D=30，第 i 个多项式有 2^i 个非零项，执行 Javadi/Monagan 算法和 Zippel 算法时，次数界 d=30，运行时间和插值点个数分别如表 3-11 和表 3-12 所示。

表 3-11　运行时间和插值点个数(n=6，D=30)

i	t	Javadi/Monagan Algorithm		Zippel Algorithm		Kaltofen/Lee Algorithm
		Time	Probes	Time	Probes	Probes
3	8	0.00 (0.00)	97	0.01	1 364	140
4	16	0.00 (0.00)	193	0.02	2 511	284
5	31	0.00 (0.00)	373	0.05	4 340	521
6	64	0.02 (0.01)	769	0.15	8 060	995
7	127	0.06 (0.02)	1 525	0.44	14 601	1 871
8	255	0.22 (0.07)	3 061	1.51	27 652	3 615
9	511	0.72 (0.24)	6 133	5.19	50 530	6 692
10	1 016	2.43 (0.85)	12 193	17.94	90 985	12 591
11	2 037	8.69 (2.87)	24 445	65.35	168 299	DNF
12	4 083	32.37 (10.6)	48 997	230.60	301 320	DNF
13	8 151	122.5 (40.5)	97 813	803.26	532 549	DNF

表 3-12 运行时间和插值点个数(n=12，D=30)

i	t	Javadi/Monagan Algorithm		Zippel Algorithm		Kaltofen/Lee Algorithm
		Time	Probes	Time	Probes	Probes
3	8	0.00 (0.00)	193	0.08	5053	250
4	15	0.00 (0.00)	361	0.20	10 230	470
5	32	0.02 (0.01)	769	0.54	18 879	962
6	63	0.06 (0.02)	1 513	1.79	36 735	1 856
7	127	0.18 (0.05)	3 049	6.10	69 595	3 647
8	255	0.62 (0.17)	6 121	22.17	134 664	7 055
9	507	2.14 (0.55)	12 169	83.44	259 594	13 440
10	1 019	7.70 (1.94)	24 457	316.23	498 945	26 077
11	2 041	28.70 (7.23)	48 985	1195.13	952 351	DNF
12	4 074	108.6 (27.2)	97 777	4575.83	18 411 795	DNF
13	8 139	421.1 (105.4)	195 337	>10 000	—	DNF

4. 并行测试用例

为了更好地测试 Javadi/Monagan 算法的并行执行效率，表 3-13 给出了Javadi/Monagan算法结合渐近快速求根算法的运行时间，运行环境为 2 个 6 核的 Intel Xeon X7460 CPUs，2.66GHz。对于 $i=13$，如果没有采用并行求解的方法，那么对 12 核的环境，最大加速为 435.3/((435.3−4.25)/12+4.2)=10.85 (倍)。然而如果在求解系数这一步骤并行化之后（每个系数在 $O(t)$时间内独立求解），则可以获得 11.95 倍的加速。

表 3-13 Javadi/Monagan 算法并行计算时间表

		1 core				4 cores		12 cores	
i	t	Time	Roots	Solve	Probes	Time	(Speedup)	Time	(Speedup)
7	127	0.218	0.01	0.00	0.12	0.062	(3.35x)	0.050	(4.2x)
8	255	0.688	0.01	0.01	0.40	0.186	(3.70x)	0.106	(6.5x)
9	507	2.33	0.05	0.02	1.53	0.603	(3.86x)	0.250	(9.3x)
10	1019	8.20	0.14	0.07	5.97	2.10	(3.90x)	0.748	(10.96x)
11	2041	30.19	0.34	0.26	23.6	7.62	(3.96x)	2.61	(11.56x)
12	4074	113.1	0.87	1.06	93.5	28.6	(3.96x)	9.90	(11.78x)
13	8139	435.3	2.25	4.20	371.7	110.5	(3.94x)	36.46	(11.95x)

注：“x” 表示倍数。

5. 结论

Javadi/Monagan 算法是 Ben - Or/Tiwari 算法的一个变体，在所有测试用例中，Javadi/Monagan 算法所需插值点个数为 $2nt+1$。它需要增加的插值点至少为 n，至多为$2n-1$，对于稀疏多元多项式，Javadi/Monagan 算法比 Zippel 算法使用的插值点个数更少。

第4章

改进的稀疏多元多项式插值算法

第3章给出了几个经典的稀疏多元多项式插值算法，本章给出作者在近年来对这些方法所做的一些研究和改进，包括改进的 Zippel 算法、改进的 Javadi/Monagan 算法、基于竞争策略的稀疏多元多项式插值算法和基于分治策略的稀疏多元多项式插值算法。

4.1 改进的 Zippel 算法

第3.3节介绍了 Zippel 算法，它是一种解决黑盒插值问题的概率性方法。如果用 Zippel 算法插值多元多项式，必须给定多项式 P 的每个变元的次数界。我们的改进方法是 Zippel 算法的一个变体，无须预先给定次数界 d。如果 Zippel 算法中给定次数界较高，那么改进算法的时间复杂度较低，所需插值点较少。

4.1.1 问题定义

给定一些离散信息，即已知若干个 n 元组 $x_i=(x_{i1}, x_{i2}, \cdots, x_{in})$ 及以其为输入时函数的输出 y_i。问题是：能通过这些信息恢复函数 $y=f(x)$ 吗？现在更多地把这个问题称为黑盒插值问题：假设存在一个黑盒，包含关于变元 $x_1, x_2, \cdots, x_n$ 的实系数多元多项式，如果给定一个特定输入 n 元组 $x=(a_1, a_2, \cdots, a_n)$，那么黑盒会输出函数值 $P(a_1, a_2, \cdots, a_n)$（见图4-1）。而且黑盒问题不限制插值点的数目，它能给出定义域内的任何一个输入的函数值 $P(x)$。

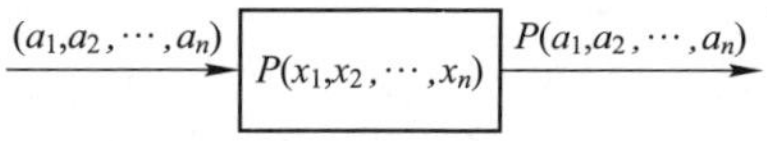

$$(a_1,a_2,\cdots,a_n) \longrightarrow \boxed{P(x_1,x_2,\cdots,x_n)} \longrightarrow P(a_1,a_2,\cdots,a_n)$$

图4-1 多元多项式黑盒

黑盒插值问题需要确定 $P(x)$ 的系数。为了验证恢复的 $P(x)$ 是黑盒中的多项式，可以取一些点（不包括已经使用过的点），分别替换 $P(x)$ 的变元和黑盒变元，比较它们的输出，如果结果一致，那么 $P(x)$ 就是目标多项式。

4.1.2 算法描述

如果不知道黑盒多项式中的次数界，我们怎么知道有足够的插值点恢复 P_i？首先回顾多项式插值的一个重要定理。

定理 4-1 令 $(x_1, y_1), \cdots, (x_m, y_m)$ 是平面上互不相同的 m 个点，存在一个且仅有一个次数小于或等于 $m-1$ 的多项式 P，对于 $i=1, \cdots, m$，满足 $P(x_i)=y_i$。

由定理 4-1，假设变元 x_i 的次数是 d_i，恰好需要 d_i+1 个插值点。如果插值点个数少于 d_i+1，那么无法恢复 P_i；如果插值点个数多于 d_i+1，额外信息对恢复 P_i 是没有任何意义的。

本书的改进算法是选择一个作为验证的测试点 $(x_{10}, x_{20}, \cdots, x_{n0})$ 和一个用于插值的初始点 $(x_{11}, x_{21}, \cdots, x_{n1})$。首先恢复单变元多项式 P_1，执行下面循环体中的三个操作，直到最后一个操作满足退出条件。

① 增加插值点。增加一个新的插值点 $(x_{1i}, x_{21}, \cdots, x_{n1})$（$i$ 的初值为 2），并且求出该点在黑盒处的赋值。

② 插值。根据已经获得的和新获得的插值点信息完成 P_1 的插值。

③ 测试。用 $(x_{10}, x_{20}, \cdots, x_{n0})$ 替换当前多项式 P_1 中的变元，并令 $(x_{10}, x_{20}, \cdots, x_{n0})$ 是 P 的输入，比较 $P_1(x_{10}, x_{20}, \cdots, x_{n0})$ 和 $P(x_{10}, x_{20}, \cdots, x_{n0})$，如果 P_1 的赋值等于 P 的输出，那么 P_1 即为正确的多项式，终止循环。如果结果互不相同，意味着插值点的个数少于或等于次数 d_1。返回①，增加一个新的插值点。

相同的操作能应用到变元 $x_j\ (j=2, \cdots, n)$，假设对 $j=1, 2, \cdots, n$，变元 x_j 的次数是 d_j。对 P_1 插值，获得多项式

$$P_1 = P(x_1, x_{21}, \cdots, x_{n1}) = \sum_{i=1}^{t_1} f_i(x_{21}, \cdots, x_{n1}) x_1^{d_i}$$

其中，P_1 的项数是 t_1。

令待定的多项式形如

$$P(x_1, x_{22}, \cdots, x_{n1}) = \sum_{i=1}^{t_1} f_i(x_{22}, \cdots, x_{n1}) x_1^{d_i}$$

下面描述如何建立线性方程组，并通过求解确定多项式 $P_2(x_1, x_{22}, \cdots, x_{n1})$。

记第 i 个素数为 pr_i，利用黑盒给出多项式 P 在下述插值点处的函数值，

$$u_j=(pr_1^j,\ x_{22},\ x_{31},\ \cdots,\ x_{n1}),\ j=0,\ 1,\ \cdots,\ t_1-1$$

令 $v_j=P(u_j)$，并构造一系列的方程

$$\sum_{i=1}^{t_1} f_i(x_{22},\ \cdots,\ x_{n1})(pr_1^j)^{d_i}=v_j,\ j=0,\ 1,\ \cdots,\ t_1-1$$

令 $\boldsymbol{M}$ 是由$(M_{ij})_{t_1\times t_1}=(pr_1^j)^{d_i}$定义的$t_1\times t_1$矩阵，可通过求解线性方程确定系数

$$f_i(x_{22},\ \cdots,\ x_{n1}),\ i=1,\ \cdots,\ t_1$$

因为 $\boldsymbol{M}$ 是非奇异的 Vandermonde 矩阵。

为求得多项式 $P_2=P(x_1,\ x_2,\ \cdots,\ x_{n1})$，需要求出多项式 $P_2(x_1,\ x_{23},\ \cdots,\ x_{n1})$，$P_2(x_1,\ x_{24},\ \cdots,\ x_{n1})$，$\cdots$，$P_2(x_1,\ x_{2d_2},\ \cdots,\ x_{n1})$。

到此为止，我们有足够信息对 $P_2=P(x_1,\ x_2,\ \cdots,\ x_{n1})$ 插值。重复此过程可最终获得黑盒多项式 P。

4.1.3 算法时间复杂度

影响算法时间复杂度的因素主要有：多项式赋值次数、单变元多项式插值算法的效率和线性方程组求解效率。

分析上述三个因素，第一个因素的赋值操作主要取决于给定的黑盒多项式，插值点越少，赋值时间越短；第二个因素采用拉格朗日插值；第三个因素采用高斯消元求解线性方程组。

显然，Zippel 算法所需的插值点比我们的新算法多，直接导致求解的线性方程组的规模更大，数量更多。对于方阵，消元算法（行简化）可使用浮点数（flops）来衡量；对于 $n\times(n+1)$ 矩阵，简化为行标准型需要$(2n^3/3)$ flops。

在我们的算法中一个不能忽略的事实是：比较两个多项式在某一固定点处的赋值（比较两个实数的数量）需要额外的时间，在浮点算法下比较两个带符号的实数是非常快的。

完成 $P(x_1)$的插值需要 d_1+1 个插值点。假设 P 的项数不超过t，那么对于变元 x_2，$\cdots$，x_n，线性方程组的系数矩阵规模不超过 $t\times t$。恢复每个多项式需要 (d_i+1) 个方程。通常情况下，考虑变元 x_2，$\cdots$，x_n时，至多需要 $(d_i+1)t$ 个插值点，总插值点个数至多为

$$d_1+1+\sum_{i=2}^{n}(d_i+1)t$$

不超过 $d_{\max}tn$，其中

$$d_{\max}=\max\{d_1,\ d_2,\ \cdots,\ d_n\}$$

在最坏情形下，即 $d_1=d_2=\cdots=d_n$时，我们的算法和 Zippel 算法的时间复杂度一

样（假定次数界 d 恰好为 d_1）。

4.1.4　实例

为了说明改进算法的执行细节，下面给出一个简单的实例。假设目标多元多项式（黑盒函数）是

$$P=5x_1^2x_2+x_1x_3+3$$

首先选择一个测试点和一个初始点。例如，取（0，0，0）作为测试点，取（1，1，1）作为初始点，这两个点的函数值分别为 3 和 9。

第一步，生成单变元多项式 $P_1(x_1, 1, 1)$。

循环 1： 计算 P 在点（2，1，1）处的赋值。为简化表达，使用 P（·）表示 P 在某点处的赋值。例如，$P(2, 1, 1)=25$。使用 $P(1, 1, 1)$ 和 $P(2, 1, 1)$ 的信息，能获得插值多项式 $16x_1-7$。将（0，0，0）代入 $16x_1-7$ 中，计算函数值，因为结果 -7 不等于 3，意味着进入下一次循环，增加一个新的插值点。

循环 2： 计算 $P(3, 1, 1)$ 及已获得的插值点信息，得到新多项式 $5x_1^2+x_1+3$。接下来验证这个多项式是否是正确的黑盒多项式。将（0，0，0）代入 $5x_1^2+x_1+3$，得到函数值 3。因为 $P(0, 0, 0)=3$，循环终止，意味着我们获得了准确的多项式 $P_1(x_1, 1, 1)$。

第二步，生成两个变元的多项式 $P_2(x_1, x_2, 1)$。

根据 P_1（即 $5x_1^2+x_1+3$）的形式，构造待定多项式 $f_2x_1^2+f_1x_1+f_0$。计算 P 在三个点（1，2，1），（2，2，1），（3，2，1）处的函数值，建立线性方程组

$$\begin{cases} f_2+f_1+f_0=14 \\ 4f_2+2f_1+f_0=45 \\ 9f_2+3f_1+f_0=96 \end{cases}$$

求解获得 $P_1(x_1, 2, 1)$，即 $10x_1^2+x_1+3$。结合 $P_1(x_1, 1, 1)$（即 $5x_1^2+x_1+3$）插值关于 x_2 的每个单项式，结果是 $5x_1^2x_2+x_1+3$。

下一步验证多项式 $5x_1^2x_2+x_1+3$ 就是 $P_2(x_1, x_2, 1)$。将 3 个 0 替代多项式 $5x_1^2x_2+x_1+3$ 中的变元，结果为 3，表明我们的方法是正确的。

第三步，生成多项式 $P_3(x_1, x_2, x_3)$。

这一步与第二步是类似的。根据 P_2 的形式构造多项式 $g_2x_1^2x_2+g_1x_1+g_0$。计算 P 在点（1，1，2），（2，2，2），（3，3，2）处的函数值，建立线性方程组

$$\begin{cases} g_2+g_1+g_0=10 \\ 8g_2+2g_1+g_0=47 \\ 27g_2+3g_1+g_0=144 \end{cases}$$

求解这个方程组获得 $P_2(x_1, x_2, 2)$，即 $5x_1^2x_2+2x_1+3$。结合 $P_2(x_1, x_2, 1)$，

即 $5x_1^2x_2+x_1+3$，对变元 x_3 的每个单项式进行插值，结果是 $5x_1^2x_2+x_1x_3+3$。同样可验证这个结果是正确的。

到此为止，获得了目标多项式 P。显然这个实例相对简单，仅包含 3 个变量，系数范围也比较小。而且，项数较少也导致了线性方程组的规模较小。下节我们将对不同规模的多项式进行测试。

4.1.5 数值实验

本节将改进算法应用于多元多项式插值，主要考察指标是算法的执行时间。下列表（表 4 - 1～表 4 - 3）中 n 表示变元数量，t 表示多项式 P 中的项数，d 表示 P 的全次数。在进行一系列的多元多项式插值后，表 4 - 1～表 4 - 3 记录改进算法的执行时间（Time _ 1）和 Zippel 算法的运行时间（Time _ 2）。注意：在 Zippel 算法中，我们使用的是一个非常紧的界。

所有的程序运行和编程环境是：Maple 15，Windows 操作系统，CPU 是 3.10 GHz 的 Intel（R）Core（TM），4 GB 内存。

1. 实验一

在第一组实验中，主要考虑变元的个数变化对算法效率的影响。在本组实验中，选择 6 组数据进行实验，前三组数据将 P 的项数 t 和次数 d 固定为 5，后三组数据固定为 10，变元个数分别从 5 递增到 15。表 4 - 1 给出了数值实验结果。

表 4 - 1　n 变化时运行时间的比较

Ex.	n	t	d	Coeff. Range	Time _ 1/s	Time _ 2/s
1	5	5	5	[−100，100]	0.047	0.141
2	10	5	5	[−100，100]	0.125	0.249
3	15	5	5	[−100，100]	0.156	0.358
4	5	10	10	[−100，100]	0.187	0.234
5	10	10	10	[−100，100]	0.405	0.515
6	15	10	10	[−100，100]	0.530	0.796

从表 4 - 1 中可以看出，两种算法随着 n 的增加，需要的时间也随之增加，两种算法的主要策略都是一个变元一个变元逐个插值，n 越多，需要的时间越多。图 4 - 2 给出了两种算法运行时间的对比，其他参数如下：$t=10$，$d=10$，系数范围 $D=[-100，100]$。“◇”号表示 Zippel 算法的运行时间，“+”表示改进算法的运行时间。

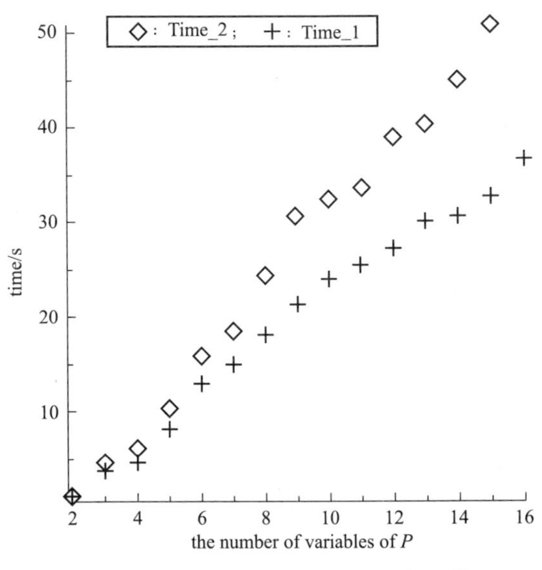

图 4-2 $t=10$，$d=10$ 时运行时间比较

2. 实验二

在本组实验中，选择 6 组数据进行实验，前三组数据将 P 的变元个数和项数 d 固定为 5，后三组数据固定为 10，项数 t 分别从 5 递增到 30。表 4-2 是数值实验结果。

表 4-2 t 变化时运行时间的比较

Ex.	t	n	d	Coeff. Range	Time _ 1/s	Time _ 2/s
1	5	5	5	[−100，100]	0.062	0.094
2	15	5	5	[−100，100]	0.141	0.203
3	30	5	5	[−100，100]	0.655	0.842
4	5	10	10	[−100，100]	0.093	0.219
5	15	10	10	[−100，100]	0.546	1.186
6	30	10	10	[−100，100]	3.712	5.414

在表 4-2 中，随着 t 的增加，两种算法的运行时间都变长，因为项数 t 支配线性方程组的规模，运行时间是通过浮点算术确定的，为避免舍入误差，使用符号计算环境 Maple。图 4-3 表明了两种算法的运行时间的发展趋势。

3. 实验三

在第三组实验中，选择 6 组数据进行实验，前三组数据将 P 的变元个数和项数固定为 5，后三组数据固定为 10，次数 d 分别从 10 递增到 30，结果如表 4-3 所示。

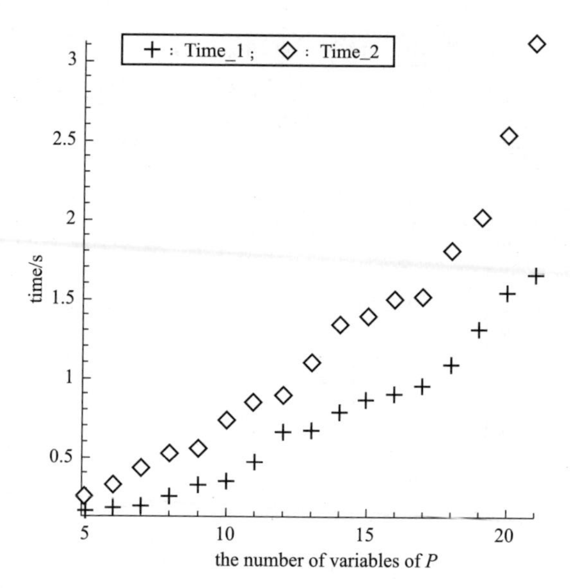

图 4-3　$n=10$，$d=10$ 时运行时间比较

表 4-3　d 变化时运行时间比较

Ex.	d	n	t	Coeff. Range	Time _ 1/s	Time _ 2/s
1	10	5	5	[−100，100]	0.062	0.094
2	15	5	5	[−100，100]	0.094	0.140
3	30	5	5	[−100，100]	0.187	0.250
4	15	10	10	[−100，100]	1.482	2.262
5	20	10	10	[−100，100]	1.997	3.978
6	30	10	10	[−100，100]	3.026	4.663

与预期一样，当 d 变大时算法运行时间也越长，因为线性方程组的构造需要建立系数矩阵，d 越大，系数越大，求解的线性方程组越复杂。实验结果如图 4-4 所示。

本节中给出的算法是对 Zippel 算法的一个改进，比起 Zippel 算法，本节给出的算法所需的插值点较少，因此计算时间也较短，而且本节给出的算法适合缺少次数界 d 的情形。总的来说，本节给出的算法总的运行时间少于 Zippel 算法。

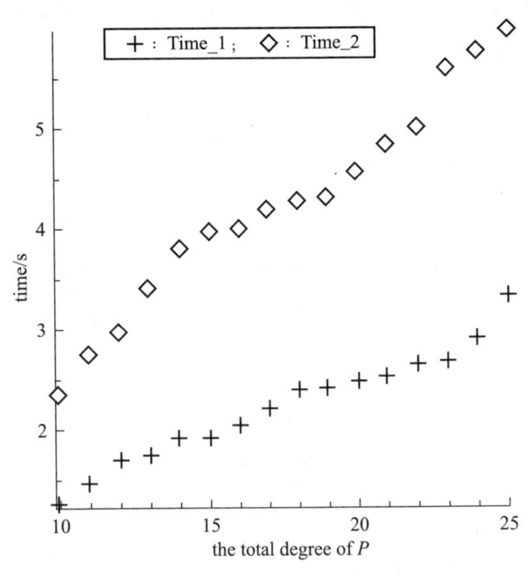

图 4-4 $n=10$，$t=10$ 时运行时间的比较

4.2 有限域上改进的稀疏多元多项式插值算法

为了提高稀疏多元多项式插值算法的效率，本书对 Javadi/Monagan 算法进行了改进。首先，消除了必须预先给定项数界 T 的限制，通过计算特定的矩阵行列式，得到插值多项式 f 的准确项数。然后，消除了必须预先给定次数界 D 的限制，通过构造辅助函数，利用概率法结合提前终止技术的 Cauchy 插值法，得到插值多项式 f 的准确次数，解决了 Javadi 和 Monagan 提出的次数界 D 过高而导致的高计算时间复杂度的问题。理论分析和实验结果都表明了改进算法的优势，特别是在给定的次数界 D 过高的情况下，相较于 Javadi/Monagan 算法，改进算法的性能有较大提高。更进一步，由于改进算法无须给定项数界 T 和次数界 D，对于实际问题在利用插值恢复或近似时更具实用性。

4.2.1 问题描述

令 p 是一个素数，$f\in Z_p[x_1, x_2, \cdots, x_n]$ 是一个用黑盒表示的多元多项式，

$$f=\sum_{i=1}^{t}a_iM_i \in Z_p[x_1, x_2, \cdots, x_n],\ a_i\in Z_p\setminus\{0\}$$

其中，$M_i=x_1^{e_{i1}}\times x_2^{e_{i2}}\times\cdots\times x_n^{e_{in}}$ 是 f 中的第 i 个单项式，且满足当 $i\neq j$ 时，$M_i\neq$

M_j；t 是 f 中非零项数的个数。黑盒以$(\alpha_1, \cdots, \alpha_n) \in Z_p^n$为输入，以 $f(x_1=\alpha_1, \cdots, x_n=\alpha_n)$ 为输出。稀疏多元多项式插值的目标是用尽可能少的插值点及较低的多项式时间复杂度算法还原多项式 f。

4.2.2 Javadi/Monagan 算法重述

Javadi/Monagan 算法可分为两个步骤：首先确定各个单项式，然后确定系数。在第一个步骤中，逐一计算每个变元在各个单项式中的次数；第二个步骤需要求解一个 Vandermonde 线性代数系统，同时要求给定 f 的项数界 $T \geqslant t$ 及次数界 $D \geqslant \deg f$。

(1) 确定单项式 $M_i(i=1, \cdots, t)$。

① 在 $Z_p^*(Z_p \backslash \{0\})$中随机生成互不相同的 $n+1$ 个整数 $\alpha_1, \alpha_2, \cdots, \alpha_{n+1}$。

② 令 $\beta_i^{(0)}=(\alpha_1^i, \alpha_2^i, \cdots, \alpha_n^i)$，$\beta_i^{(j)}=(\alpha_1^i, \cdots, \alpha_{j-1}^i, \alpha_{n+1}, \alpha_{j+1}^i, \cdots, \alpha_n^i)$ $(i=0, 1, \cdots, 2T-1, j=1, 2, \cdots, n)$，计算黑盒在 $\beta_i^{(j)}(j=0, 1, \cdots, n)$ 处的值。令 $v_i^{(j)}$ 是以$\beta_i^{(j)}$为输入时黑盒的输出，即 $v_i^{(j)}=f(\beta_i^{(j)})$。

③ 使用 Berlekamp/Massey 算法生成 $n+1$ 个关于 z 的单变元多项式

$$\Lambda_{j+1}(z)=z^t-\lambda_{t-1}^{(j)}z^{t-1}-\cdots-\lambda_0^{(j)}$$

使得 $v_{t+i}^{(j)}=\lambda_{t-1}^{(j)}v_{t+i-1}^{(j)}+\lambda_{t-2}^{(j)}v_{t+i-2}^{(j)}+\cdots+\lambda_0^{(j)}v_i^{(j)}$，其中 $i=0, 1, \cdots, 2t-1$，$j=0, 1, \cdots, n$。

④ 确定变元 $x_k(k=1, \cdots, n)$在 f 中的单项式$M_i(i=1, \cdots, t)$中的次数 e_{ij}。

⑤ 由④可确定 $e_{ij}(i=1, \cdots, t, j=1, \cdots, n)$，则单项式 $M_i=x_1^{e_{i1}} \times x_2^{e_{i2}} \times \cdots \times x_n^{e_{in}}(i=1, \cdots, t)$。

(2) 计算系数。

通过求解线性方程组计算系数 $a_i(i=1, \cdots, t)$。令 $r_1, r_2, \cdots, r_t$ 是 $\Lambda_1(z)$ 的根，且 $r_i=M_i(\alpha_1, \cdots, \alpha_n)$，回顾 $v_i^{(0)}$ 是输入为 $\beta_i^{(0)}=(\alpha_1^i, \alpha_2^i, \cdots, \alpha_n^i)$ 时黑盒的输出，因此有

$$v_i^{(0)}=a_1r_1^i+a_2r_2^i+\cdots+a_tr_t^i, \quad i=0, 1, \cdots, t-1$$

此为 Vandermonde 系统，有唯一解。由(1)(2)可得

$$f=\sum_{i=1}^{t}a_iM_i, \quad M_i=\prod_{j=1}^{n}x_j^{e_{ij}}$$

(3) 确定变元 x_k 的次数。

令 $R_1=\{r_1, \cdots, r_t\}$，$R_k=\{\bar{r}_1, \cdots, \bar{r}_t\}$ 分别是 Λ_1 和 Λ_{k+1} 的全部根构成的集合。令 D_j 包含单项式 M_j 中 x_k 的所有可能的次数，即

$$D_j=\{(i, r)\mid 0\leqslant i\leqslant D, r=r_j\times\left(\frac{\alpha_{n+1}}{\alpha_k}\right)^i\in R_k\}$$

因为 $(e_{jk}, \bar{r}_j)\in D_j$，因此$|D_j|\geqslant 1$。如果对所有的 $j(1\leqslant j\leqslant t)$有$|D_j|=1$，则$x_k$在$M_j$中的次数可唯一确定；否则，构造二部图$G_k$，判断$G_k$是否有唯一的完美匹配。

二部图G_k定义如下：U 和 V 是二部图G_k中顶点个数为 t 的互补顶点子集，U 和 V 中的结点表示R_1和R_k中的元素，即 $u_i\in U$，$v_j\in V$，分别用r_i和$\bar{r}_j$标记，u_i和v_j之间有一条权值为d_{ij}的边当且仅当 $(d_{ij}, \bar{r}_j)\in D_i$。

引理 4-1 变元 x_k在所有单项式中的次数可唯一确定当且仅当二部图G_k有唯一的完美匹配。

以下给出为了计算 x_k的次数，构造的二部图G_k没有唯一的完美匹配时的解决方案。

随机选择不同于 α_1，$\alpha_2\cdots$，α_{n+1}的元素 $\alpha_{n+2}\in Z_p^*$，令 $\beta_i'=(\alpha_1^i, \cdots, \alpha_{k-1}^i, \alpha_{n+2}^i, \alpha_{k+1}^i, \cdots, \alpha_n^i)$，使用 Berlekamp/Massey 算法，以 $v_i'=f(\beta_i')(0\leqslant i\leqslant 2t-1)$为输入，生成多项式 $\Lambda_{k+1}'(z)$。令$\{\tilde{r}_1, \cdots, \tilde{r}_t\}$是 $\Lambda_{k+1}'(z)$的根构成的集合，G_k'是通过$\Lambda_1(z)$和 $\Lambda_{k+1}'(z)$构造的二部图。

定义 4-1 二部图 G_k'与G_k的交集$\overline{G}_k$定义如下：$\overline{G}_k$与G_k'具有相同的结点，r_i和$\tilde{r}_j$之间有权值为d_{ij}的边当且仅当在二部图G_k中r_i连接$\bar{r}_j$，且在二部图G_k'中r_i连接$\tilde{r}_j$，权值均为 d_{ij}。

引理 4-2 令 $e_{ij}=\deg_{x_j}(M_i)$，则在二部图$\overline{G}_k$中，结点 r_i和$\tilde{r}_j$之间有边相连，且权值为 e_{ij}。

定理 4-2 令 $\overline{G}_k=G_k\cap G_k'$，则 $\overline{G}_k$有唯一的完美匹配。

引理 4-1、引理 4-2 和定理 4-2 的证明参考 Javadi 和 Monagan 2010 年发表的论文 *Parallel Sparse Polynomial Interpolation Over Finite Fields*。由定理 4-2，如果G_k没有唯一的完美匹配，则可通过增加 $2t$ 个插值点，构造二部图$\overline{G}_k$来确定变元 x_k在单项式$M_j(1\leqslant j\leqslant t)$中的次数。

4.2.3 改进的 Javadi/Monagan 算法

本节给出了对 Javadi/Monagan 算法进行改进的两个主要策略，描述了如何只利用黑盒的输入、输出（即有限个插值点），计算多项式 f 的准确项数 t 和准确次数 d，从而消除了原算法必须预先给定这两个指标的上界的限制，提高了实用性，降低了时间复杂度。

1. 多项式项数的计算

除了 Javadi/Monagan 算法，许多插值算法都要求给定目标多项式 f 的项数界 T，本书给出了一个准确计算多项式 f 的项数(t)的方法。

定理 4-3 令 $\mathbf{V}$ 是元素为 $V_{ij}=v_{i+j-2}$ 的矩阵。$\mathbf{V}_l$ 是由 $\mathbf{V}$ 的前 l 行前 l 列组成的方阵。如果 t 是多项式 f 的准确项数，即 f 中非零单项式的个数，那么

(1) $\det(\mathbf{V}_l)=\sum\limits_{S\subset\{1,2,\cdots,t\},\ |S|=l}\left\{\prod\limits_{i\in S}a_i\prod\limits_{i>j,\ i,\ j\in S}(m_i-m_j)^2\right\},\quad l\leqslant t$；

(2) $\det(\mathbf{V}_l)=0,\quad l>t$。

根据定理 4-3，通过下述程序可计算 f 的准确项数。

```
Procedure
  i:= 0;
  Repeat
  β_i= (α_1^i, α_2^i…, α_n^i ) ;
  v_i= f (β_i ) ;
  i: = i+ 1;
  If ibmod 2≠0 then
  (构造 (i+ 1)/2 阶方阵 V,元素定义为 (V)_jk= v_(j+ k- 2));
  (计算 det(V));
  End if
  Until det(V)= 0;
  t: = (i+ 1)/2 - 1;
  End Procedure
```

例如，黑盒多元多项式 f 定义为

$$f=91yz^2+94x^2yz+61x^2y^2z+42z^5+1$$

令 $p=1\,009$，随机生成 Z_p^* 中的 3 个整数，比如 $\alpha_1=66$，$\alpha_2=12$，$\alpha_3=3$。

计算黑盒在 $\beta_i=(\alpha_1^i,\ \alpha_2^i,\ \cdots,\ \alpha_n^i)(i=0,\ 1,\ 2,\ \cdots)$ 处的函数值。令 $v_i=f(\beta_i)$，当 $i=1$，3，5，7，9，11 时，det ($\mathbf{V}$)在有限域上的值分别为

$$\det(\mathbf{V}_{1\times1})\bmod p=289$$
$$\det(\mathbf{V}_{2\times2})\bmod p=902$$
$$\det(\mathbf{V}_{3\times3})\bmod p=434$$

$$\det(\mathbf{V}_{4\times4}) \bmod p=376$$
$$\det(\mathbf{V}_{5\times5}) \bmod p=633$$
$$\det(\mathbf{V}_{6\times6}) \bmod p=0$$

所以多项式 f 的准确项数为5。

2. 多项式次数的计算

在构造二部图的过程中，计算单项式 M_j 中 x_k 的所有可能的次数 D_j 时，需要检测的次数为 $D+1$。因此 Javadi/Monagan 算法在给定的次数界过高时，会导致高计算复杂度。本节利用单变元有理函数插值计算 f 的准确次数 d，使得在确定每个变元的次数时时间复杂度降到最低。

(1) 构造辅助有理函数 H。

$$H=F/G=F(x_1, x_2, \cdots, x_n, z)/g(z)$$
$$=f(x_1z, x_2z, \cdots, x_nz)/g(z)$$

通过在 f 中引入齐次变元 z，构造 f 为分子、g 为分母的辅助有理函数 H，其中 $f(x_1, x_2, \cdots, x_n)$ 为黑盒多项式，g 为随机生成的关于变元 z 的一次多项式。若视 F 为关于变元 z 的单变元多项式，则系数为关于 $x_1, \cdots, x_n$ 的多元多项式。注意：系数多项式与 z 是齐次的。

例如，令多项式 $f=x_1^3x_2+x_1^2+x_3^2$，则 $F=f(x_1z, x_2z, x_3z)=x_1^3x_2z^4+(x_1^2+x_2^2)z^2$，易证 f 的全次数与 F 中 z 的最高次相同。

(2) 对 H 进行单变元有理函数插值。

任取 n 元组 $(\alpha_1, \cdots, \alpha_n)$，对 H 进行关于变元 z 的单变元有理函数插值，可得到

$$H(\alpha_1, \cdots, \alpha_n, z)=f(\alpha_1z, \cdots, \alpha_nz)/g(z)$$

(3) $H(\alpha_1, \cdots, \alpha_n, z)$ 的分子 $f(\alpha_1z, \cdots, \alpha_nz)$ 关于 z 的最高次即为黑盒多项式 f 的全次数。

假设 $f(\alpha_1z, \cdots, \alpha_nz)$ 和 $g(z)$ 有非平凡的公因式，即 $g(z)\mid f(\alpha_1z, \cdots, \alpha_nz)$，也就是说，$g(z)$ 的根也是 $f(\alpha_1z, \cdots, \alpha_nz)$ 的根。因为 $g(z)$ 是随机生成的，而 $f(\alpha_1z, \cdots, \alpha_nz)$ 的根是有穷的，所以 $f(\alpha_1z, \cdots, \alpha_nz)$ 和 $g(z)$ 高概率互素，因而 $f(\alpha_1z, \cdots, \alpha_nz)$ 关于 z 的次数即为黑盒多项式 f 的全次数。

例如，给定黑盒多项式 $f=x_1^3x_2+x_1^2+x_2^2$，构造辅助有理函数 H，并基于单变元有理函数插值计算 f 的准确次数过程如下。

令 $(\alpha_1, \cdots, \alpha_3)=(1, \cdots, 1)$，$g=5z+3$，则

$$H(\alpha_1, \cdots, \alpha_3, z)=F(\alpha_1, \cdots, \alpha_3, z)/g(z)=f\ (1\cdot z, \cdots, 1\cdot z)/5z+3$$

利用单变元有理函数插值可得到 $H(1, \cdots, 1, z)=(z^4+2z^2)/(5z+3)$，则 f 的准确次数为 H 的分子中 z 的最高次，即为 4。

接下来给出单变元有理函数插值的实现过程。对于单变元有理函数 $f/g\in K(Z)$，应用概率方法，并结合提前终止技术的 Cauchy 插值来恢复 f/g（Kaltofen E. 的文章 *On Exact and Approximate Interpolation of Sparse Rational Functions* 中的引理给出了单变元有理函数插值的理论基础）。

引理 4-3 令 K 是任意域，$F(Z)$，$G(Z)$，$H(Z)\in K(Z)$ 且 $\gcd(F, G)=1$。令 $\bar{d}$，$\bar{e}$ 是非负整数，且 $\deg H<\bar{d}+\bar{e}+1$。令 i_k，$f/g\in K(Z)$不必是 K 中互不相同的元素，满足

$$F\equiv GH(\bmod\ (Z-i_1)\cdots(Z-i_{\bar{d}+\bar{e}+1}))$$

定义

$$h_0(Z)=(Z-i_1)\cdots(Z-i_{\bar{d}+\bar{e}+1}),\ \delta_0=\bar{d}+\bar{e}+1$$
$$h_1(Z)=H(Z),\ \delta_1=\deg H$$

对于 $l\geqslant 2$，令 $h_l(Z)$，$q_l(Z)\in K(Z)$分别是 Euclidean 多项式余项序列中的第 l 次余项和商，

$$h_{l-2}(Z)=q_l(Z)h_{l-1}(Z)+h_l(Z),\ \delta_l=\deg h_l<\delta_{l-1}$$

对于 $l\geqslant 2$，令 $w_l(Z)$，$g_l(Z)\in K(Z)$是扩展 Euclidean 算法中的乘子 $w_lh_0+g_lh_1=h_l$，即

$$w_0=g_1=1,\ w_1=g_0=0$$
$$w_l=w_{l-2}-q_lw_{l-1},\ g_l=g_{l-2}-q_lg_{l-1}$$

那么存在下标 $j\geqslant 1$ 满足 $\delta_j\leqslant\bar{d}<\delta_{j-1}$，并且对下标 j 有

$$h_j\equiv g_jH(\bmod(Z-i_1)\cdots(Z-i_{\bar{d}+\bar{e}+1})),\ \deg g_j\leqslant\bar{e}$$

而且，如果 $\bar{d}\geqslant\deg F$，$\bar{e}\geqslant\deg G$，那么存在 $c\in K$，$F=ch_j$，$G=cg_j$。

根据引理 4-3，如果给定单变元有理函数的次数上界，使用扩展 Euclidean 算法可计算有理函数的分子和分母。基于引理 4-3，单变元有理函数插值算法如算法 4.1 所述。为确定准确的 f/g 的次数，可对 k 从 1 迭代到 $d+e+1$，其中 d，e 分别是 f 和 g 的次数。

算法 4.1　单变元有理函数插值算法

输入

黑盒单变元有理函数 H；模 p。

输出

单变元有理函数 $H'=c\cdot H$，$c\in K$。

步骤

(1) 初始化：令 $k=1$，$s=0$.

(2) 当 $s=0$ 时，执行以下操作。

① 随机选择插值点 i_1，…，$i_{\bar{d}+\bar{e}+1}$，令 $g_0=0$，$g_1=1$，$h_0=(Z-i_1)\cdots(Z-i_{\bar{d}+\bar{e}+1})$，其中 $\bar{d}$ 和 $\bar{e}$ 分别代表黑盒有理函数 H 的分子和分母的次数界。

② 令 h_1 表示利用牛顿插值或拉格朗日插值获得的插值点为 i_1，i_2，…，i_k，对应函数值为 $H(i_1)$，$H(i_2)$，…，$H(i_k)$的插值多项式。

③ 当 $\deg(h_1)>1$ 时，执行以下操作。

- 计算 h_0 和 h_1 的余数及商，即 $h_2=\mathrm{Rem}(h_0, h_1)\bmod p$，$q_2=\mathrm{Quo}(h_0, h_1)\bmod p$。
- 计算 $g_2=(g_0-q_2g_1)\bmod p$。
- 更新 h_0，h_1，g_0，g_1，即 $h_0=h_1$，$h_1=h_2$，$g_0=g_1$，$g_1=g_2$。
- 判断$(h_1/g_1)(i_{k+1})\bmod p=(f/g)(i_{k+1})\bmod p$ 是否成立，如果成立，那么转到 (3)；否则，令 $k=k+1$，转到 (2)。

(3) 返回 $H'=h_1/g_1$，其中有理函数 H' 与黑盒有理函数 H 相差一个常数倍 c。

3. 改进算法的思想

改进的 Javadi/Monagan 算法如算法 4.2 所述。

算法 4.2　改进的 Javadi/Monagan 算法（有限域上改进的稀疏多元多项式插值算法）

输入

黑盒 B：$Z_p^n\rightarrow Z_p$，当黑盒接收到 n 元组$(\alpha_1, \cdots, \alpha_n)\in Z_p^n$ 时，输出值 $B(\alpha_1, \cdots, \alpha_n)$。

输出

多元多项式 $f\in Z_p(x_1, \cdots, x_n)$，满足对所有整数 b_i，有 $f(b_1, \cdots, b_n)=B(b_1, \cdots, b_n)$。

步骤

① 在 Z_p^{n+1} 中随机生成互不相同的 $n+1$ 个整数$(\alpha_1, \cdots, \alpha_n, \alpha_{n+1})$。

② 计算多项式 f 的准确项数 t。

③ 令 $\beta_i=(\alpha_1^i, \alpha_2^i, \cdots, \alpha_n^i)$，$i=0, 1, \cdots, 2t-1$。

④ 对 k 从 1 到 $n+1$：计算 $v_i=B(\beta_i)$，其中 $i=0, 1, \cdots, 2t-1$，当 $k>1$ 时，用 α_{n+1}^i 替换 α_{k-1}^i。使用 Berlekamp/Massey 算法生成由序列 v_0，v_1，…，v_{2t-1} 得到的 $\Lambda_k\in Z_p(z)$。

⑤ 计算多项式 f 的准确次数 d。

⑥ 对 k 从 1 到 n：确定 $\deg_{x_k}(M_i)(1\leqslant i\leqslant t)$，构造二部图 G_k。如果 G_k 有唯一的完美匹配，那么令 $e_{ik}=d_{il}$，其中 d_{il} 是 G_k 的完美匹配集中结点 r_i 和 $\overline{r_l}$ 边上的权值；否则，构造二

部图 G_k'，求出 G_k 和 G_k' 的交集$\overline{G_k}$，令 $e_{ik}=d_{il}$，其中 d_{il}是$\overline{G_k}$的完美匹配集中结点 r_i 和$\widetilde{r_l}$边上的权值。

⑦ 令 $S=\{a_1r_1^i+a_2r_2^i+\cdots+a_tr_t^i=v_i \mid i=0, 1, \cdots, t-1\}$，求解线性方程组 S，得到系数 $(a_1, a_2, \cdots, a_n)\in Z_p^t$。

⑧ 令 $f=\sum_{i=1}^{t}a_iM_i$，其中 $M_i=\prod_{j=1}^{n}x_j^{e_{ij}}$。

⑨ 返回 f。

下面给出改进的 Javadi/Monagan 算法的一个实例。黑盒多元多项式 f 定义为

$$f=91x_2x_3^2+37x_1^2x_2x_3+61x_1^2x_2^2x_3+34x_3^5+1$$

令 $p=101$，变元个数 $n=3$，重构 f 的过程如下。

① 在 Z_p^* 中随机生成互不相同的 $n+1$ 个整数，令 $\alpha_1=12$，$\alpha_2=8$，$\alpha_3=62$，$\alpha_4=96$。

② 计算多项式 f 的准确项数 $t=5$。

③ 令 $\beta_i=(\alpha_1^i, \alpha_2^i, \cdots, \alpha_n^i)$，$i=0, 1, \cdots, 2t-1$。

④ 计算 $\Lambda_k(z)(k=1, \cdots, 4)$。令 $v_i=B(\beta_i)(i=0, 1, \cdots, 2t-1)$，当$k>1$时，用 α_{n+1}^i替换 α_{k-1}^i。使用 Berlekamp/Massey 算法生成由序列 $v_0, v_1, \cdots, v_{2t-1}$ 得到的 $\Lambda_k\in Z_p(z)$：

$$\Lambda_1(z)=z^5+91z^4+60z^3+69z^2+54z+28$$
$$\Lambda_2(z)=z^5+100z^4+73z^3+85z^2+51z+94$$
$$\Lambda_3(z)=z^5+45z^4+20z^3+z+34$$
$$\Lambda_4(z)=z^5+38z^4+9z^3+25z^2+80z+49$$

⑤ 计算多项式 f 的次数 $d=5$。

⑥ 确定 $\deg_{x_k}(M_i)(1\leqslant i\leqslant t, k=1, \cdots, n)$。以第 1 个变元 x_1为例，计算 Λ_1 的根：

$$\{r_1=1, r_2=10, r_3=17, r_4=35, r_5=48\}$$

计算 Λ_2的根：

$$\{\bar{r}_1=1, \bar{r}_2=10, \bar{r}_3=18, \bar{r}_4=48, \bar{r}_5=78\}$$

测试 $r_j\times(\alpha_{n+1}/\alpha_1)^i(0\leqslant i\leqslant d, j=1, \cdots, t)$，得到

$$r_1\times(\alpha_4/\alpha_1)^0=\bar{r}_1, r_2\times(\alpha_4/\alpha_1)^0=\bar{r}_2$$
$$r_3\times(\alpha_4/\alpha_1)^2=\bar{r}_5, r_3\times(\alpha_4/\alpha_1)^3=\bar{r}_3$$
$$r_4\times(\alpha_4/\alpha_1)^1=\bar{r}_5, r_4\times(\alpha_4/\alpha_1)^2=\bar{r}_3$$
$$r_5\times(\alpha_4/\alpha_1)^0=\bar{r}_4$$

构造二部图 G_1，如图 4－5 所示。

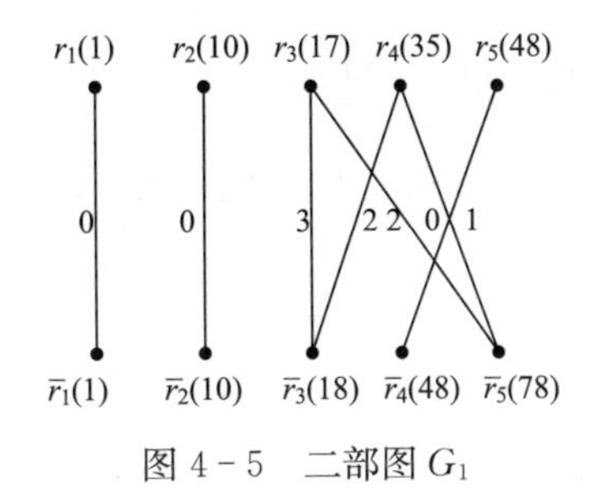

图 4－5　二部图 G_1

因为二部图 G_1 没有唯一的完美匹配，所以生成 $\alpha_5=54$。计算

$$\Lambda_5(z)=z^5+100z^4+73z^3+85z^2+51z+94$$

得 Λ_5 的根为 $\{\tilde{r}_1=1, \tilde{r}_2=10, \tilde{r}_3=16, \tilde{r}_4=27, \tilde{r}_5=48\}$。

构造二部图 G'_1，如图 4－6 所示。

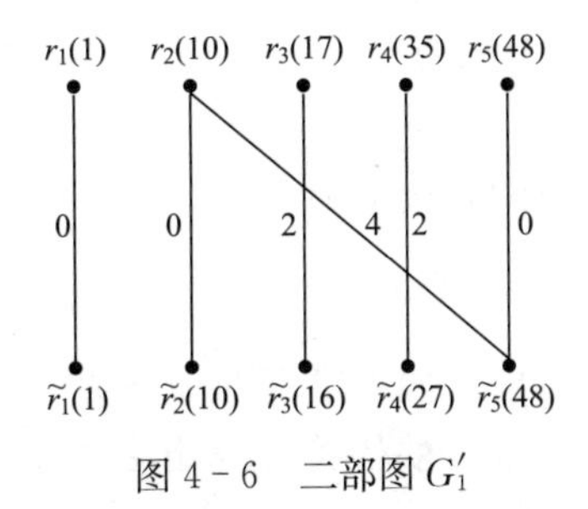

图 4－6　二部图 G'_1

构造 G_k 和 G'_k 的交集 $\overline{G}_k$，如图 4－7 所示。因此，x_1 在 $M_i(1\leqslant i\leqslant t)$ 中的次数分别为 0，0，2，2，0。同理，计算 x_2 和 x_3 在 M_i 中的次数，分别为 0，0，1，2，1 和 0，5，1，1，2，则 $M_1=1$，$M_2=x_3^5$，$M_3=x_1^2x_2x_3$，$M_4=x_1^2x_2^2x_3$，$M_5=x_2x_3^2$。

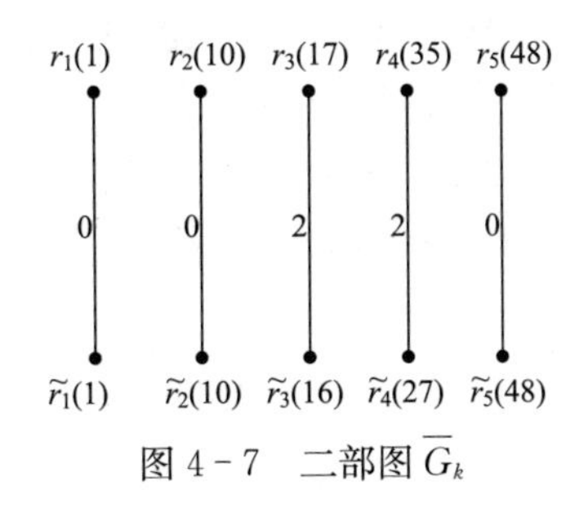

图 4－7　二部图 $\overline{G}_k$

⑦ 令 $S=\{a_1r_1^i+a_2r_2^i+\cdots+a_tr_t^i=v_i \mid i=0, 1, \cdots, t-1\}$，求解线性方程组 S 得到各个单项式的系数

$$\{a_1=1,\ a_2=34,\ a_3=37,\ a_4=61,\ a_5=91\}$$

⑧ 令 $f=\sum_{i=1}^{t} a_i M_i$，其中 $M_i=\prod_{j=1}^{n} x_j^{e_{ij}}$，则

$$f=1+34x_3^5+37x_1^2x_2x_3+61x_1^2x_2^2x_3+91x_2x_3^2$$

4. 时间复杂度分析

本节讨论有限域上改进的稀疏多元多项式插值算法（算法 4.2）的时间复杂度，需要考虑的主要因素如下。

① 计算多项式 f 的项数 t，时间复杂度为 $O(t^2)$。

② 计算多项式 f 的次数 d，时间复杂度为 $O(d)$。

③ 调用 Berlekamp/Massey 算法计算 Λ_k 至多 $n+2$ 次，每次调用的时间复杂度为$O(t^2)$。

④ 使用求解 Vandermonde 系统的快速算法，时间复杂度为 $O(t^2)$。

⑤ 求解 Λ_k 的根，时间复杂度为 $O(t^2\log p)$。

⑥ 构造二部图 G_k，时间复杂度为 $O(dt^2)$，求 G_k 和 G_k' 的交集，时间复杂度为 $O(td\log d)$。

综上所述，改进算法的时间复杂度为

$$O(ndt^2)+O(td\log d)=O\ (t^2(\log p+nd))$$

从时间复杂度分析可以看出，如果给定的项数界 T 和次数界 D 过高，会导致高时间复杂度，而改进算法以较少的代价计算出多项式 f 的准确项数 t 及次数 d，达到了此类算法在后续操作上的最短时间复杂度。

4.2.4 数值实验

本节对改进算法和 Javadi/Monagan 算法进行性能比较。两种算法的编程环境均为 Maple 15，程序运行的硬件环境为 Intel（R）Core（TM）i7 2.20 GHz 处理器和 4.00 GB 内存，操作系统为 Windows 7。注意两个程序都是顺序执行，在确定变元 x_1，x_2，…，x_n的次数时未并行化。

本节给出了三组实验的性能比较结果，使用的多项式都是随机生成的，比较对象为运行时间。黑盒中的多元多项式系数取自 Z_p，其中 $p=100\ 003$。

1. 实验一

本组实验为 6 个包含 3 个变元的多元多项式，第 i 个多项式（$1\leqslant i\leqslant 6$）使用如下的 Maple 命令随机生成：

```
> randpoly([x1,x2,x3],terms= 2^i,degree= 20) mod p;
```

其中，第 i 个多项式包含 2^i 个非零项，$d=20$ 是多项式的准确次数。该组实验分别

执行了改进算法和 Javadi/Monagan 算法，记录了每个多项式在两种算法下的运行时间（s），如表 4-4 所示。表头第 1 列表示例子的编号；第 2 列 t 表示项数；第 3 列括号中的百分比表示改进算法计算项数和次数的总时间与整个算法的运行时间的比值；改进算法无须给定项数界和次数界，对于 Javadi/Monagan 算法，分别给定次数界为 $D=20$，$D=30$ 和 $D=50$，项数界为多项式的准确项数 $T=2^i$（$1\leqslant i\leqslant 6$）。表 4-5 和表 4-6 的设置同表 4-4。

表 4-4　改进算法与 Javadi/Monagan 算法的比较（$n=3$）

编号	t	改进算法	Javadi/Monagan 算法		
			$D=20$	$D=30$	$D=50$
1	2	0.046（30.4%）	0.032	0.047	0.063
2	4	0.078（19.2%）	0.063	0.109	0.140
3	8	0.218（14.2%）	0.187	0.297	0.609
4	16	0.780（3.9%）	0.749	1.076	1.638
5	32	3.213（2.8%）	3.120	4.431	6.724
6	64	17.523（1.2%）	17.316	22.730	31.684

从表 4-4 可以看出，随着 i 的增加，两种算法的运行时间也随之增加。在给定准确项数界 $T=2^i$ 和准确次数界 $D=20$ 的情况下，Javadi/Monagan 算法的运行时间优于改进算法，原因是改进算法利用 3.1 节和 3.2 节的方法分别计算出准确的项数和次数，不需预先给定这两个数据。显然，这两者的计算需要耗费一定的时间，但从表 4-4 中第 3 列括号中的百分比可以看出，这两者的计算时间占整体运行时间的比值随着次数的增加越来越小，因而优势越来越明显。另外，随着次数界 D 的增加，Javadi/Monagan 算法需要的运行时间也随之增加，当 D 较大时，算法的时间复杂度较高，这就是 Javadi 和 Monagan 在论文中提到的坏次数界问题（bad degree bound）。改进算法则有效地避免了这一问题。

2. 实验二

本组实验为 6 个包含 6 个变元的多元多项式，第 i 个多项式（$1\leqslant i\leqslant 6$）使用如下的 Maple 命令随机生成：

```
> randpoly([x1,x2,x3,x4,x5,x6],terms= 2^i,degree= 20) mod p;
```

表 4-5 给出了本组实验下改进算法和 Javadi/Monagan 算法的运行时间。

表 4-5　改进算法与 Javadi/Monagan 算法的比较（$n=6$）

编号	t	改进算法	Javadi/Monagan 算法		
			$D=20$	$D=30$	$D=50$
1	2	0.078（39.7%）	0.047	0.078	0.125
2	4	0.171（17.5%）	0.141	0.187	0.359
3	8	0.407（7.8%）	0.375	0.655	1.030
4	16	1.451（2.2%）	1.419	2.153	3.479
5	32	5.843（0.9%）	5.788	8.580	13.510
6	64	31.371（0.6%）	31.169	41.309	61.433

3. 实验三

本组实验为 6 个包含 12 个变元的多元多项式，第 i 个多项式（$1\leqslant i\leqslant 6$）使用如下的 Maple 命令随机生成：

```
> randpoly([x1,x2,x3,x4,x5,x6,x7,x8,x9,x10,x11,x12],terms= 2^i,degree= 20)
mod p;
```

表 4-6 给出了本组实验下改进算法和 Javadi/Monagan 算法的执行时间。

表 4-6　改进算法与 Javadi/Monagan 算法的比较（$n=12$）

编号	t	改进算法	Javadi/Monagan 算法		
			$D=20$	$D=30$	$D=50$
1	2	0.124（12.1%）	0.109	0.156	0.234
2	4	0.297（5.4%）	0.281	0.437	0.686
3	8	0.920（5.0%）	0.874	1.310	2.200
4	16	3.089（1.5%）	3.042	4.509	7.425
5	32	12.496（0.5%）	12.433	18.049	29.437
6	64	64.085（0.4%）	63.835	94.146	169.775

从三组实验可以看出，改进算法在确定插值多项式 f 的项数和次数方面，需要的时间占整个算法运行时间的比例非常小，多项式规模越大，比例越小。Javadi/Monagan 算法在实际运行时，给定的次数界 D 越高，运行时间越长，而改进算法不受此影响。

4.2.5　应用实例

下面给出改进的Javadi/Monagan算法在几何上的一个应用。著名的Morley三等分定理描述如下：在任意三角形ABC中，对三个内角$\angle A$、$\angle B$和$\angle C$分别进行三等分，相邻边交于三点P，Q，R，则三角形PQR必为一个正三角形，如图4-8所示。令$a=BC$，$b=CA$，$c=AB$，$x=PQ=QR=RP$，求x和a，b，c之间的关系。

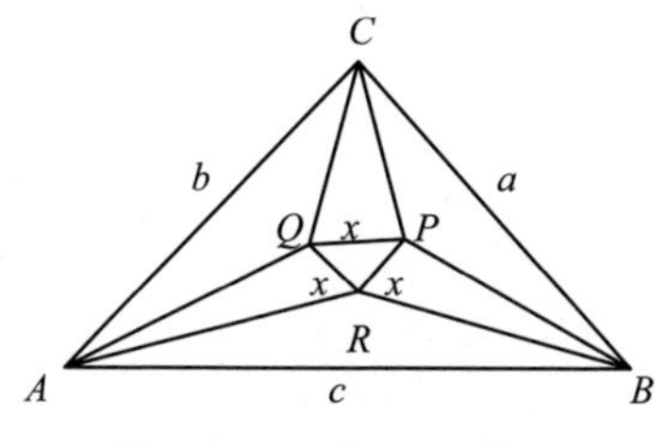

图4-8　Morley三角形

根据题设中的几何关系和相关定理可知（推导过程略）

$$x=8R\sin\left(\frac{1}{3}A\right)\sin\left(\frac{1}{3}B\right)\sin\left(\frac{1}{3}C\right)$$

其中，R是三角形ABC的外接圆半径，有如下方程组

$$\begin{cases} R=\dfrac{abc}{4S} \\ \dfrac{a}{2R}=3\sin\left(\dfrac{1}{3}A\right)-4\sin^3\left(\dfrac{1}{3}A\right) \\ \dfrac{b}{2R}=3\sin\left(\dfrac{1}{3}B\right)-4\sin^3\left(\dfrac{1}{3}B\right) \\ \dfrac{c}{2R}=3\sin\left(\dfrac{1}{3}C\right)-4\sin^3\left(\dfrac{1}{3}C\right) \\ S=\dfrac{1}{4}\sqrt{(a+b+c)(a+b-c)(a-b+c)(-a+b+c)} \end{cases}$$

令$p=\sin\left(\frac{1}{3}A\right)$，$q=\sin\left(\frac{1}{3}B\right)$，$r=\sin\left(\frac{1}{3}C\right)$，可得如下方程组

$$\begin{cases} 4Sx-8abcpqr=0 \\ 2abc(3p-4p^3)-4Sa=0 \\ 2abc(3q-4q^3)-4Sb=0 \\ 2abc(3r-4r^3)-4Sc=0 \end{cases} \tag{4-1}$$

令 x 和 a，b，c 之间的关系为 $f(x, a, b, c)=0$，如果利用结式等符号消元法，消去方程组(4-1)中的变元 p，q，r，那么可得到 x 和 a，b，c 之间的关系 $f(x, a, b, c)$。实际上，如果把 a，b，c 视为符号参数，消元过程因中间表达式膨胀而无法完成；若将 a，b，c 用实数 α_1，α_2，α_3 进行替换，消元过程可顺利进行，结果是实例化的关系式 $f(x, \alpha_1, \alpha_2, \alpha_3)$。例如（假定模 $p=10^5$），

$$
\begin{aligned}
f(x, 3, 5, 7) = & x^{27}+8\,236x^{25}+945x^{24}+6\,886x^{23}+ \\
& 645x^{22}+6\,777x^{21}+1\,515x^{20}+1\,674x^{19}+5\,440x^{18}+ \\
& 4\,585x^{17}+2\,780x^{16}+1\,161x^{15}+5\,615x^{14}+8\,867x^{13}+ \\
& 800x^{12}+1\,216x^{11}+6\,355x^{10}+1\,534x^{9}+6\,875x^{8}+ \\
& 5\,175x^{7}+6\,625x^{6}+8\,750x^{5}+7\,500x^{4}+6\,875x^{3}+ \\
& 4\,375x+5\,625
\end{aligned}
$$

$$
f(x, 7, 11, 17)=625x^{27}+1\,500x^{25}+3\,125x^{24}+\cdots+3\,275x^{3}+5\,375x+8\,125
$$

如果视 $f(x, \alpha_1, \alpha_2, \alpha_3)$为关于变元 x 的单变元多项式，则 x 的各幂次的系数是关于变元 a，b，c 的多元多项式，使用稀疏多元多项式插值恢复系数多项式，即可得到 x 和 a，b，c 之间的关系。在此例中，x 的各幂次的系数多项式的项数和次数都无法估计，如果采用原始的 Javadi/Monagan 算法，可能因为项数界和次数界设置不正确而导致无法得出结果或计算复杂度过高。若采用改进的 Javadi/Monagan 算法，可准确计算各个系数多项式的项数和次数，最终得到的 x 和 a，b，c 之间的关系式为

$$
\begin{aligned}
f(x, a, b, c)= & (-640a^{16}b^{8}c^{8}+\cdots+2\,880a^{16}b^{12}c^{4})\,x^{27}+\cdots+ \\
& (-1\,080a^{22}b^{24}c^{12}+\cdots+6\,480a^{24}b^{22}c^{12})\,x+\cdots+ \\
& (-1\,600a^{23}b^{19}c^{17}+\cdots-1\,120a^{21}b^{15}c^{23})
\end{aligned}
$$

此例中，$f(x, a, b, c)$ 共有 804 项，其中 x^{27} 的系数多项式的项数为 45，次数为 32；x^{25} 的系数多项式的项数为 28，次数为 34；其余系数多项式的指标不再赘述。

在结式消元、最大公因式计算、几何组合优化、信号处理等问题上，很多情况下无法预知目标多项式的次数和项数，故改进算法针对这些问题更具实用性。

4.2.6 小结

稀疏多元多项式插值是很多计算机代数算法的子函数，也广泛应用于信号处理、压缩感知、图像处理等领域。在给定项数界 T 和次数界 D 较高的情况下，改进算法可有效降低 Javadi/Monagan 算法的计算复杂度。进一步，改进算法消除了传统插值算法中必须预先给定插值多项式项数 T 和次数 D 的必要条件，更具实用性。

算法 4.2 给出了有限域上改进的 Javadi/Monagan 算法，其中两个循环体的计算任务可并行化处理，一是生成关于变元 z 的单变元多项式 $\Lambda_1(z)$，$\Lambda_2(z)$，…，$\Lambda_{n+1}(z)$，可分为相互独立的 $n+1$ 个子任务；二是确定变元 x_1，x_2，…，x_n 在各个单项式中的次数，可分为相互独立的 n 个子任务。假设有 q 个计算内核的集群系统，每个内核可独立承担上述计算 $\Lambda_j(z)(j=1, 2, \cdots, n+1)$ 的 $(n+1)/q$ 个子任务，以及计算变元 $x_j(j=1, 2, \cdots, n)$ 在各个单项式 $M_i(i=1, 2, \cdots, t)$ 中的次数 e_{ij} 的 n/q 个子任务，计算结果可保存在一个文件中，最终可确定黑盒多项式 f 的各个单项式 $M_i=x_1^{e_{i1}}\times x_2^{e_{i2}}\times\cdots\times x_n^{e_{in}}$。在后续的工作中，拟将改进算法进行并行化处理，以进一步提高稀疏多元多项式插值算法的效率。

4.3 一种基于竞争策略的稀疏多元多项式插值算法

4.2 节给出了 Javadi/Monagan 算法的一个改进策略。在随后的研究中，我们发现在计算多项式准确项数和次数上有效率更高的方法，因此提出了一个有限域上的基于竞争策略的稀疏多元多项式插值算法，进一步改进了 Javadi 和 Monagan 在 2010 年提出的概率性插值算法。对 n 个变元、t 个非零项的多元多项式 f 进行插值，Javadi/Monagan 算法要求给定 f 的全次数上界 d，为了确定某个变元在单项式中的次数，需要从 0 到 d 做 $d+1$ 次测试，每个变元测试次数为 $O(td)$。改进算法设计了两个子算法，采用竞争策略用尽可能少的插值点确定各个变元在 f 中的次数集，使测试次数降为 $O(td')$，其中 d' 为单个变元在 f 中出现的次数集的基数，因此减少了测试次数及根冲突的概率。笔者在 Maple 环境下实现了改进算法、Zippel 算法和 Javadi/Monagan 算法，设置了三类实验用例，对三种算法在恢复不同插值多项式时所需的插值点个数及其运行时间进行了比较。本节提出的改进算法，不仅不需要给定插值多项式变元次数上界 d，而且在对高次的稀疏多元多项式插值时，效率明显优于其他算法，并且具有可并行计算的操作空间。

4.3.1 算法思想

Javadi/Monagan 算法一共需要进行 $O(ndt)$ 次根测试及 $O(n)$ 次一元多项式求根操作，并且在实际操作中发现，根测试由于每次选取的插值点具有一般性，因此很容易出现根冲突。对比主要操作的时间复杂度可知，大部分时间均花在根测试这一步骤上。事实上，由于在进行根测试时，都需要从 0 做到 d，但多元多项式任意一项的次数集 $|\{e_{ij}\}|\ll d$。因此，如果能够通过某种方式确定多元多项式 f 中的各个变元的次数集，不仅可以取消插值算法提供变元次数上界 d 的先决条件，还

可以有效降低算法的运行效率，并且当测试次数降低时，根冲突的概率也将降低，从而降低算法的计算复杂度。

鉴于此，为了确定多元多项式 f 中的各个变元的次数集，用尽可能少的插值点完成任务。

4.3.2 多元多项式次数集确定方法

借鉴 2000 年 Kaltofen 等提出的“竞赛算法”的思路，决定设计两个子算法，基于竞争策略，对两个子算法同时运行，以较短时间结束运行的算法为结束标准，用以确定多元多项式 f 的各个变元的次数集。

1. 基于插值多项式唯一性的次数集确定方法

引理 4-4 对于一个单变元多项式 $p(x)=a_0+a_1x+\cdots+a_dx^d$，若给定 k 个插值点，当 $k>d$ 时，$p(x)$将被插值多项式唯一确定。

根据引理 4-4，在确定多元多项式变元次数时，可逐渐增加插值点个数，构造插值多项式，当新产生的多项式与前一个插值产生的多项式相同时，可确定多元多项式某一变元 x_i 的次数集。

随机选择一个初始点$(x_{10}, x_{20}, \cdots, x_{n0})$，产生关于变元 $x_j(j=1, 2, \cdots, n)$ 的子单变元多项式，共同构成单变元多项式序列如下。

$$F_1=f(x_1, x_{20}, \cdots, x_{n0})$$
$$F_2=f(x_{10}, x_2, \cdots, x_{n0})$$
$$\vdots$$
$$F_n=f(x_{10}, x_{20}, \cdots, x_n)$$

视 F_j 为关于变元 x_j 的单变元多项式，固定除 x_j 外的其余变元，随机选取互不相同的值 $x_{j1}, x_{j2}, \cdots$，通过黑盒获得 f 在点$(x_{10}, x_{20}, \cdots, x_{jk}, \cdots, x_{n0})(k=1, 2, \cdots)$ 处的函数值。每增加一个插值点，构造关于变元 x_j 的插值多项式 F_{jk}（k 代表增加插值点的个数），一旦检测到 $F_{jk}=F_{j(k-1)}$，即可确定插值多项式$F_{jk}=F_{j(k-1)}$，亦可获得变元 x_j 的在 f 中的次数 e_{ij}。

令变元 x_j 在多项式 f 中的最高次数为

$$d_j=\max\{e_{ij} | i=1, 2, \cdots, t\}, j=1, 2, \cdots, n$$

该方法所需插值点个数为 $O(nd)$，其中 d 是所有变元的次数上界。

根据上述算法操作，设计算法流程如图 4-9 所示。

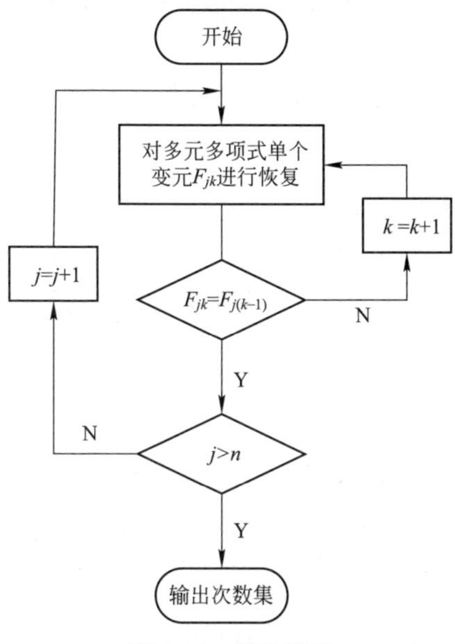

图 4-9 算法流程

2. 基于 Berlekamp/Massey 算法的次数集确定方法

基于 Berlekamp/Massey 算法的次数集确定方法，首先需要计算单变元多项式 $F_j(j=1, 2, \cdots, n)$的准确项数 t_j，然后利用单变元 Berlekamp/Massey 算法获得关于变元 x_j 的在多项式 F_j 中的次数 e_{ij}。

令 $v_i=f(\alpha_1^i, \alpha_2^i, \cdots, \alpha_n^i)(i=1, 2, \cdots)$，其中$(\alpha_1, \alpha_2, \cdots, \alpha_n)\in Z_p^n$。记 Hankel 矩阵

$$\boldsymbol{H}_T^{(r)}=\begin{bmatrix} v_r & \cdots & v_{r+T-1} \\ \vdots & & \vdots \\ v_{r+T-1} & \cdots & v_{r+2T-2} \end{bmatrix}$$

Annie 和 Lee 给出了在精确的无噪声的环境下，Hankel 矩阵的行列式满足

$$\begin{cases} |\boldsymbol{H}_T^{(r)}|\neq 0, & T\leqslant t, \ r\geqslant 0 \\ |\boldsymbol{H}_T^{(r)}|=0, & T>t, \ r\geqslant 0 \end{cases}$$

其中，t 是多项式 f 的项数。逐渐增加插值点，构造 Hankel 矩阵 $\boldsymbol{H}_T^{(r)}$，计算行列式$|\boldsymbol{H}_T^{(r)}|$，必存在某个 T，使得$|\boldsymbol{H}_T^{(r)}|\neq 0$，而$|\boldsymbol{H}_{T+1}^{(r)}|=0$，则多项式项数 $t=T$。当$r=0$ 时，所需插值点个数最少，此时

$$\boldsymbol{H}_T^{(0)}=\begin{vmatrix} v_0 & \cdots & v_{T-1} \\ \vdots & & \vdots \\ v_{T-1} & \cdots & v_{2T-2} \end{vmatrix}\neq 0, \quad \boldsymbol{H}_{T+1}^{(0)}=\begin{vmatrix} v_0 & \cdots & v_T \\ \vdots & & \vdots \\ v_T & \cdots & v_{2T} \end{vmatrix}=0$$

这就给出了计算多项式 F_j 的项数 t_j 的方法，固定除 x_j 外的其余变元，利用Hankel矩阵的行列式判定 $F_j(j=1, 2, \cdots, n)$ 的准确项数 t_j。下面利用Berlekamp/Massey算法计算变元 x_j 在多项式 F_j 中的次数 e_{ij}。

考虑多项式：

$$\Lambda(Z)=\prod_{i=1}^{t}(Z-m_i)=Z^t+\beta_{t-1}Z^{t-1}+\cdots+\beta_1 Z+\beta_0$$

其中，$\beta_i(i=1, 2, \cdots, t)$是未知系数，因为 m_i 是多项式 $\Lambda(Z)$ 的零点，故对 $k\geqslant 0$，

$$\begin{aligned}0&=\sum_{i=1}^{t}C_i m_i^k(m_i^t+\beta_{t-1}m_i^{t-1}+\cdots+\beta_0)\\&=\sum_{i=1}^{t}C_i m_i^{t+k}+\sum_{i=1}^{n-1}\beta_j(\sum_{i=1}^{t}C_i m_i^{t+k})\\&=f_{k+t}+\sum_{i=1}^{n-1}\beta_j f_{k+j}\end{aligned}$$

换句话说，结构化数据 v_j 是线性生成的，

$$\begin{bmatrix}v_0 & \cdots & v_{t-1}\\ \vdots & & \vdots\\ v_{t-1} & \cdots & v_{2t-2}\end{bmatrix}\begin{bmatrix}\beta_0\\ \vdots\\ \beta_{t-1}\end{bmatrix}=-\begin{bmatrix}v_t\\ \vdots\\ v_{2t-1}\end{bmatrix} \tag{4-2}$$

求解线性方程组(4-2)可得系数 $\beta_i(i=1, 2, \cdots, n-1)$。$\Lambda(Z)$的零点（根）$m_i$，即为 $M_i(\alpha_1, \alpha_2, \cdots, \alpha_n)$。

例如，以变元 x_1 为例，选择插值点 $v_i=f(2^i, x_{20}, x_{30}, \cdots, x_{n0})(i=0, 1, \cdots)$，利用单变元Berlekamp/Massey算法求出 m_i，然后对 m_i 取对数即可得到变元 x_1 在各个单项式中的次数，此时需要的插值点个数为 $2t_1$，其中 t_1 是 F_1 的项数。

该方法所需插值点个数为 $O(nT)$，其中 T 为多项式 f 的项数界。

根据上述算法操作，设计算法流程如图 4-10 所示。

4.3.3 基于竞争策略的稀疏多元多项式插值算法

为了尽可能减少稀疏多元多项式 f 插值所需的插值点，本书采用“竞争策略”的思想，在测试多元多项式 f 中某一变元 x_i 的次数集时，同时运行两个子算法，采用最先得出计算结果的算法为结束标准，得到算法 4.3 如下。

算法 4.3 判定 f 中变元 x_j 的次数集的竞争算法

输入

黑盒 B：$Z_p^n\rightarrow Z_p$，以 $(\alpha_1, \cdots, \alpha_n)\in Z_p^n$ 为输入，以 $B(\alpha_1, \cdots, \alpha_n)$ 为输出。

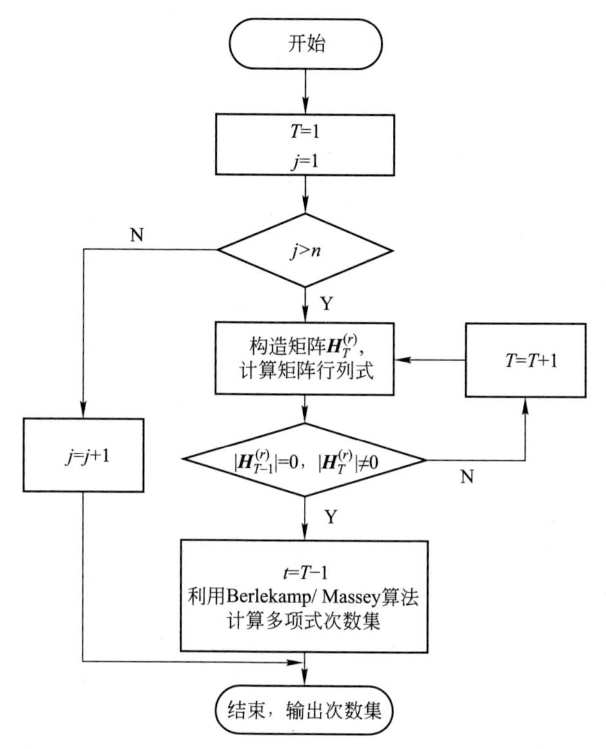

图 4－10　基于 Berlekamp/Massey 算法的次数集确定方法流程

输出

变元 x_j 在多项式 f 中出现的次数 $\{e_{ij}\}$，$i=1, 2, \cdots, t$，$j=1, 2, \cdots, n$。

步骤

① 选择初始点（$x_{10}, x_{20}, \cdots, x_{n0}$），偶数 i_0 作为初始插值点的最大下标。

② 对 j 从 1 到 n：执行③～⑧。

③ 令 $x_{jk}=2^k$，$k=0, 1, \cdots, i_0$。

④ 对 k 从 0 到 i_0：执行⑤～⑥。

⑤ 构造插值多项式 $F_{jk}[(x_{10}, x_{20}, \cdots, x_{jk}, \cdots, x_{n0}), B(x_{10}, x_{20}, \cdots, x_{jk}, \cdots, x_{n0})]$。

⑥ 如果 $F_{jk}=F_{j(k-1)}$，那么从 F_{jk} 中提取 x_j 的次数集 $\{e_{ij}\}$；终止算法。

⑦ 计算行列式

$$|\boldsymbol{H}_{i_0/2+1}^{(0)}|=\begin{vmatrix} v_0 & \cdots & v_{i_0/2} \\ \vdots & & \vdots \\ v_{i_0/2} & \cdots & v_{i_0} \end{vmatrix}$$

如果 $|\boldsymbol{H}_{i_0/2+1}^{(0)}|=0$，那么使用单变元 Berlekamp/Massey 算法获得 x_j 的次数集 $\{e_{ij}\}$；终止算法。

⑧ $i_0=i_0+2$。

例如，令 $f=91yz^2+94x^2yz+61x^2y^2z+42z^2+1$，初始点$(x, y, z)=$ (1,

1，1)，$i_0=4(x, y, z)=(1, 1, 1)$，$p=101$。以变元 x 为例，算法选择插值点 $v_i=f(2^i, 1, 1)(i=0, 1, \cdots, 4)$，则 $V=(87, 47, 89, 55, 20)$。

基于插值多项式唯一性的次数集确定方法以$(2^0, 2^1, \cdots, 2^4)$为自变量，以(87，47，89，55，20)为函数值，关于变元 x 插值，得到 $54x^2+33$，若使用前 4 个插值点，即以$(2^0, 2^1, \cdots, 2^3)$为自变量，以(87，47，89，55)为函数值，关于变元 x 插值，仍然得到 $54x^2+33$，因此通过基于插值多项式唯一性的次数集确定方法已经获得变元 x 在 f 中的次数集$\{2, 0\}$，算法终止。

另外，基于 Berlekamp/Massey 算法的次数集确定方法，构造 Hankel 矩阵

$$\boldsymbol{H}_{i_0}^{(0)}=\begin{bmatrix} v_0 & v_1 & v_2 \\ v_1 & v_2 & v_3 \\ v_2 & v_3 & v_4 \end{bmatrix}=\begin{bmatrix} 87 & 47 & 89 \\ 47 & 89 & 55 \\ 89 & 55 & 20 \end{bmatrix}$$

计算矩阵 $\boldsymbol{H}_{i_0}^{(0)}$ 的行列式或秩，发现 $|\boldsymbol{H}_{i_0}^{(0)}|=0$，rank $(H_{i_0}^{(0)})=2$，所以通过基于 Berlekamp/Massey 算法的次数集确定方法可判断以变元 x 为主变元的函数 f 包含 2 项，利用单变元 Berlekamp/Massey 算法亦可求出变元 x 在 f 中的次数集$\{2, 0\}$。

该算法中，若 i_0 小于或等于变元 x 在 f 中的最高次数，且 i_0 小于以变元 x 为主变元的函数 f 包含的项数的 2 倍，则竞争算法不能终止，再增加 2 个插值点，按此过程直至通过两种多元多项式确定方法算出 x 在 f 中的次数集为止。

设计好确定多元多项式次数集的“竞争算法”之后，结合原始的 Javadi/Monagan 算法，给出改进的稀疏多元多项式插值算法如下（见算法 4.4）。

算法 4.4 改进的稀疏多元多项式算法

输入

黑盒 B：$Z_p^n \to Z_p$，以 $(\alpha_1, \cdots, \alpha_n)\in Z_p^n$ 为输入，以 $B(\alpha_1, \cdots, \alpha_n)$ 为输出。

输出

多元多项式 $f\in Z_p(x_1, \cdots, x_n)$，满足对所有整数 b_i，有 $f(b_1, \cdots, b_n)=B(b_1, \cdots, b_n)$。

步骤

① 对 j 从 0 到 n：计算变元 x_j 在 f 中的次数集 $\{e_{ij}\}$。

② 在 $Z_p\backslash\{0\}$中随机生成互不相同的 n 个整数 $(\alpha_1, \cdots, \alpha_n)$。

③ 对 j 从 0 到 n：执行④～⑤。

④ 当 $j=0$ 时，以黑盒 B 在 $(\alpha_1^i, \alpha_2^i, \cdots, \alpha_n^i)\in Z_p^n(0\leqslant i\leqslant 2T-1)$ 处函数值为输出序列，使用基于 Berlekamp/Massey 算法的次数集确定方法计算 $\Lambda_1(z)$。

⑤ 当 $j>0$ 时，随机选择非零整数 $b_j\in Z_p\backslash\{0\}\wedge b_j\neq\alpha_j$，使用 $(\alpha_1, \alpha_2, \cdots, \alpha_{j-1}, b_j, \alpha_{j+1}, \cdots, \alpha_n)$ 计算 $\Lambda_{j+1}(z)$。

⑥ 令 $t=\deg(\Lambda_1(Z))$。

⑦ j 从 0 到 n：计算 $\Lambda_{j+1}(z)$ 的根 $r_{j1}, r_{j2}, \cdots, r_{jt}$。

⑧ j 从 0 到 n：使用变元 x_j 在多元多项式 f 中的次数集 $\{e_{ij}\}$ 测试，确定 $\deg_{x_j}(M_i)(1\leqslant i\leqslant t)$。

⑨ 令 $S=\{C_1 r_{01}^i+C_2 r_{02}^i+\cdots+C_t r_{0t}^i=v_i \mid 0\leqslant i\leqslant 2t-1\}$，解线性方程组 S 得到系数 $(C_1, C_2, \cdots, C_t)\in Z_p^t$。

⑩ 令 $f=\sum_{i=1}^{t} C_i M_i$，其中 $M_i=\prod_{j=1}^{n} x_j^{e_{ij}}$。

⑪ 随机选择 $(b_1, b_2, \cdots, b_t)\in Z_p\setminus\{0\}$，如果 $B(b_1, b_2, \cdots, b_t)\neq f(b_1, b_2, \cdots, b_t)$，那么返回“FAIL”，否则返回 f。

4.3.4　根冲突概率分析

令 r_{01}，r_{02}，…，r_{0t} 是 Berlekamp/Massey 算法使用第 1 组赋值点 $(\alpha_1^i, \alpha_2^i, \cdots, \alpha_n^i)$ $(0\leqslant i\leqslant 2T-1)$ 生成的 $\Lambda_1(z)$ 的根，为计算变元 x_k 在各个单项式中的次数，首先计算 Λ_{k+1}，如果 $\deg_{xk}(M_i)=e_{ik}$，有 $r_{ki}=r_{0i}\times(b_k/\alpha_k)^{eik}$ 是 Λ_{k+1} 的一个根，如果 $r_{0i}\times(b_k/\alpha_k)^{e'}(0\leqslant e'\neq e_{ik}\leqslant d)$ 也是 Λ_{k+1} 的一个根，此时产生根的冲突，不能唯一确定 x_k 在单项式 M_i 中的次数。

引理 4-5　如果 $\deg\Lambda_1(z)=\deg\Lambda_{k+1}(z)=t$，那么有限域 Z_p 上，Javadi/Monagan 算法不能唯一确定 x_j 在单项式 $M_i(x_1, x_2, \cdots, x_n)$ 中的次数，即发生根冲突的概率为 $d(d+1)t^2/4(p-2)$，其中 d 为给定的次数界，t 为多项式项数。

改进算法不能唯一确定 $x_j(1\leqslant j\leqslant n)$ 在单项式 $M_i(x_1, x_2, \cdots, x_n)$ 中的次数的概率[15]为

$$\frac{|\{e_{ij}\}|(|\{e_{ij}\}|+1)t^2}{4\ (p-2)},\ 1\leqslant i\leqslant t$$

因为 $|\{e_{ij}\}|=d$，所以改进算法发生根冲突的概率远远小于 Javadi/Monagan 算法。

4.3.5　数值实验

为了比较改进算法相对于其他算法的优势，可以缩短稀疏多元多项式插值的运行时间及减少插值点个数。本节将改进算法与 Zippel 算法和 Javadi/Monagan 算法进行比较，比较对象为三个算法所需的插值点个数及运行时间。通过实验，可较为直观地看出改进算法可以缩短运行时间，并减少 Javadi/Monagan 算法的根冲突概率。

每组实验所需要的多元多项式均通过 Maple 命令生成：

```
randpoly([x1,x2,x3],terms= 2i,degree= 30)mod p;
```

其中 p=10 003，为模运算，控制多元多项式的变元个数，各个变元最高次数随机产生。每组实验将设计 6 次重复实验，以减少实验的偶然性。

1. 实验一（三变元多项式测试集）

本组实验中使用 3 个变元的 6 个多元多项式，每个多元多项式均采用 Maple 命令随机产生：

```
randpoly([x1,x2,x3],terms= 2i,degree= 30)mod p;
```

其中，p=10 003 为模运算。

第 i 个多项式有 2^i 个非零项，"degree=30"是全次数。Zippel 算法和 Javadi/Monagan 算法中给定的项数界为 $d=30$。三种算法的运行时间和插值点个数如表 4 - 7所示。

表 4 - 7 运行时间和插值点个数(三变元多项式测试集)

i	t	Improved Algorithm		Zippel Algorithm		Javadi/Monagan Algorithm	
		Time	Probes	Time	Probes	Time	Probes
1	2	0.016	53	0.016	155	0.031	16
2	4	0.031	78	0.031	279	0.047	32
3	8	0.078	115	0.063	434	0.141	64
4	16	0.281	188	0.296	868	0.390	128
5	32	1.638	319	1.669	1 426	1.762	256
6	64	15.007	586	14.555	2 604	13.993	512

从表 4 - 7 可以看出，改进算法与 Javadi/Monagan 算法使用的插值点个数，均远远少于 Zippel 算法，但是由于改进算法在每次插值前需要提前确定变元的准确次数集，所以用到的插值点个数稍多于 Javadi/Monagan 算法。对插值所需要的时间进行对比可以发现，改进算法与 Javadi/Monagan 算法和 Zippel 算法的运行时间基本接近，这和算法的运行环境、多项式项数较少有关，同时由于改进算法并未在并行环境下运行，因此算法的运行时间还有较大的提升空间。

为了更加明显地进行对比，我们将 Zippel 算法和 Javadi/Monagan 算法中给定的项数界改为 d=100。多元多项式全次数仍设为 30。三种算法的运行时间及需要的插值点个数如表 4 - 8 所示。

表 4 - 8 运行时间和插值点个数[三变元多项式测试集(高次数界)]

i	t	Improved Algorithm		Zippel Algorithm		Javadi/Monagan Algorithm	
		Time	Probes	Time	Probes	Time	Probes
1	2	0.016	53	0.062	505	0.109	16
2	4	0.031	78	0.109	909	0.125	32

续表

i	t	Improved Algorithm		Zippel Algorithm		Javadi/Monagan Algorithm	
		Time	Probes	Time	Probes	Time	Probes
3	8	0.078	115	0.375	1 717	0.296	64
4	16	0.281	188	1.216	3 131	0.905	128
5	32	1.638	319	5.866	5 858	4.362	256
6	64	15.007	586	39.562	10 504	24.882	512

从表 4-8 可以看出，当给出一个较高的虚假次数界时，Zippel 算法所需的插值点个数及所花费的时间将会严重膨胀，Javadi/Monagan 算法的运行时间也逐渐变长，而对比改进算法，由于基于竞争策略的子算法提前计算了各个变元的次数集，因此所花费的时间不变，优势较为明显。

2. 实验二（高次数界多项式插值测试集）

本组实验中使用 3 个变元的 6 个多元多项式，每个多元多项式均采用 Maple 命令随机产生：

```
randpoly([x1,x2,x3],terms= 2i,degree= 100)mod p;
```

其中，$p=10\ 003$，为模运算。

本实验与上文中的不同之处在于提高了多元多项式的次数，但是在测试时并不给定虚假次数界，Zippel 算法和 Javadi/Monagan 算法中给定的项数界为 $d=100$。三种算法的运行时间和插值点个数如表 4-9 所示。

表 4-9 运行时间和插值点个数(高次数界多项式插值测试集)

i	t	Improved Algorithm		Zippel Algorithm		Javadi/Monagan Algorithm	
		Time	Probes	Time	Probes	Time	Probes
1	2	0.016	95	0.047	505	0.031	16
2	4	0.031	202	0.109	909	0.109	32
3	8	0.062	225	0.281	1 515	0.265	64
4	16	0.359	359	1.030	2 828	0.968	128
5	32	2.574	493	5.148	5 454	4.212	256
6	64	19.095	748	39.890	10 504	21.856	512

从表 4-9 中可以看出，当多项式的次数较高时，Zippel 算法的算法效率将严重降低，改进算法和 Javadi/Monagan 算法的运行时间均优于 Zippel 算法。相较于 Javadi/Monagan 算法和改进算法，由于 Javadi/Monagan 算法需要进行繁杂的根测试，因此当次数较高时，依旧会浪费很多时间。

3. 实验三（六变元多项式测试集）

本组实验中使用 6 个变元的 6 个多元多项式，第 i 个多项式有 2^i 个非零项，

degree＝30 是全次数。Zippel 算法和 Javadi/Monagan 算法中给定的项数界为 $d=30$。三种算法的运行时间和插值点个数如表 4－10 所示。

表 4－10 运行时间和插值点个数(六变元多项式测试集)

i	t	Improved Algorithm		Zippel Algorithm		Javadi/Monagan Algorithm	
		Time	Probes	Time	Probes	Time	Probes
1	2	0.046	52	0.031	341	0.046	28
2	4	0.093	97	0.093	651	0.140	56
3	8	0.125	178	0.312	1 178	0.530	112
4	16	0.562	290	1.092	2 232	0.968	224
5	32	3.089	531	6.396	4 123	2.434	448
6	64	22.386	993	73.898	8 148	21.902	896

从表 4－10 可以看出，当多项式变元个数较多时，Zippel 算法的算法效率将严重降低，改进算法和 Javadi/Monagan 算法的运行时间差别不大。由于多元多项式的次数较低，因此 Javadi/Monagan 算法进行的根测试耗时并不多，而改进算法由于需要提前计算各个变元的准确次数集，因此在插值点个数与运行时间上均多于 Javadi/Monagan 算法。

4. 小结

本节将基于竞争策略的稀疏多元多项式插值算法与 Zippel 算法和 Javadi/Monagan 算法进行了比较，通过三个不同条件多元多项式插值来反映各种情况下不同算法的优劣。实验表明，改进算法在准确给出多项式次数集的情况下，运行时间稍高于 Javadi/Monagan 算法，但是当给出的变元次数界与实际相差较大时，改进算法能够在较短的时间内实现稀疏多元多项式插值，Zippel 算法则无法快速实现稀疏多元多项式插值；当多项式次数或变元个数增加时，所耗费的时间均较大，并且有严重的时间膨胀问题，不适合较大多项式的插值。

改进的稀疏多元多项式插值算法是有限域上的 Javadi/Monagan 算法的一个变体，算法无须给定多项式 f 的次数界和项数界，设计了两个子算法并采用竞争策略，力图用尽可能少的插值点获取变元 x_j 在第 i 个单项式中的准确次数，所需增加的插值点个数为

$$\sum_{j=1}^{n}\max\{d_j+2,\ 2t_j\}$$

其中，d_j 为变元 x_j 在多项式 f 中的最高次数，t_j 为将 f 视为 x_j 的单变元多项式的项数。改进算法有效避免了 Javadi/Monagan 算法需要每次进行 $d+1$ 次根测试的需要，只需确定单个变元的次数集，便可进行算法的剩余操作，减小了 Javadi/Monagan 算法的测试次数及根冲突的概率。

4.4　求解稀疏多元多项式插值问题的分治算法

目前求解稀疏多元多项式插值问题的主流方法在目标多项式规模较大时均表现出较高的时间复杂度，因为其所需的代数操作的规模及个数与多项式的项数和次数相关。鉴于此，我们提出了一种求解稀疏多元多项式插值问题的有限域上的分治算法，其基本策略是视多项式的其中一个变元为主元，其系数为关于其他变元的多元多项式，将原问题分解为一系列单变元多项式插值问题及规模远小于原问题的一系列子多元多项式插值问题，合并这些子多元多项式即为原问题的解。为实现稀疏多元多项式插值分治算法，我们设计了 4 个子算法：基于提前终止策略的单变元多项式插值算法、已知次数的单变元多项式插值算法、多项式项数判定的 Hankle 矩阵行列式检测法、已知项数的 Ben－Or/Tiwari 算法。数值实验上，新算法与 Zippel 算法、Ben－Or/Tiwari 算法、Javadi/Monagan 算法进行了比较，在运行时间上有较大的改进。实验数据充分说明：提前终止策略的运用，消除了必需给定目标多项式的项数界和次数界的限制；分治策略的运用，将大量高阶的代数运算分解为低阶问题，从而有效地解决了大规模多元多项式插值问题的时间性能瓶颈。

4.4.1　基本设计策略及思想

本节提出了一种有限域上的分治算法来求解稀疏多元多项式插值问题。基本策略是将变元 x_1视为主元并合并同类项，则 x_1的系数为关于 x_2，x_3，…，x_n的多元多项式。利用牛顿插值或拉格朗日插值获得在特定点处的一系列关于变元 x_1的单变元多项式，再利用 Ben－Or/Tiwari 算法恢复 x_1的各个系数多项式，所有运算均在有限域上进行，对中间表达式的严重膨胀进行了有效控制，最后利用有理数恢复算法，得到原问题的解。在此策略下，原插值问题被分解为若干个单变元多项式插值问题及规模远小于原多项式的一系列多元多项式插值问题，最后将这些多元多项式作为 x_1的系数多项式合并，就得到原问题的解。

1. 设计思想

稀疏多元多项式插值的目标是使用尽可能少的插值点和较低的多项式时间复杂度恢复目标多项式。

分治算法求解稀疏多元多项式插值问题的设计思想来源于以下 3 点。

① 观察并测试验证：以多项式 P 其中一个变元（如 x_1）为主元，合并同类项后，该主元的系数多项式（关于变元 x_2，x_3，…，x_n的多元多项式）的规模远小于多项式 P。例如，令

$$P=-46x_1^4x_2^6-69x_1^7x_2^2-16x_1^5x_2^2x_3+59x_1^4x_2x_3^3+30x_1^5x_2-\\64x_1^2x_2^4+89x_2^4x_3^2-35x_1^3x_3+97x_1x_3^3+21x_1^3$$

其中，变元个数为 3，项数为 10，全次数为 10。将 P 以 x_1 为主元，合并同类项，重写 P 为

$$P=-69x_2^2x_1^7+(-16x_2^2x_3+30x_2)x_1^5+(-46x_2^6+59x_2x_3^3)x_1^4+(-35x_3+21)x_1^3-64x_2^4x_1^2+97x_3^3x_1+89x_2^4x_3^2$$

那么，x_1的系数多项式为 7 个项数至多为 2 的多元多项式。

表 4-11 给出了一组变元个数、项数、次数互异的多元多项式 P，其中 n 为变元个数，d 为 P 的全次数，t 为 P 的项数，τ 为分解后 x_1的系数多项式的最大项数。通过对比表 4-11 中第 3 列和第 4 列，发现重写 P 后系数多项式的规模远小于原多项式的规模。多项式 P 的插值问题可分解为若干个规模远小于 P 的插值问题。

表 4-11　系数多项式规模示例表

n	d	t	τ
3	20	20	3
5	20	20	4
8	20	20	5
3	30	30	5
5	30	30	4
8	30	30	6

② 单变元多项式插值的计算复杂度远低于多元多项式的计算复杂度。为了使用 Ben－Or/Tiwari 算法对 x_1的系数多项式插值，需要获得在形如 $(2^i, 3^i, \cdots, p_{n-1}^i)(i=0, 1, \cdots, k)$的插值点处的值，利用牛顿插值或拉格朗日插值获得此信息的时间复杂度为 $O(k\,\mathrm{lb}^2 k)$。该操作仅为算术运算，无须方程组求解、求根等复杂的代数运算。

③ 使用 Ben－Or/Tiwari 算法插值多元多项式，所需插值点个数恰为 $2t$，所需求解的线性方程组系数矩阵规模为 $t\times t$，时间复杂度是 $O(t^2(\mathrm{lb}^2 t+\mathrm{lb}\, nd))$，因而项数越少效率越高。

2. 分治算法及流程

基于以上 3 点，本节设计了一个分治算法来求解稀疏多元多项式插值问题。令黑盒多元多项式为

$$P(X)=\sum_{i=1}^{t}C_iM_i(x_1, x_2, \cdots, x_n)$$

将 P 写成以变元 x_1为主元的多项式，其中 x_1的系数是关于变元 $x_2, x_3, \cdots, x_n$ 的多元多项式 f_i，有

$$P(X)=\sum_{i=1}^{s}f_i(x_2, x_3, \cdots, x_n)x_1^{e_i}$$

令 p_i为第 i 个素数，利用单变元牛顿插值或拉格朗日插值获得关于变元 x_1的多项

式序列：

$$P_0=\sum_{i=1}^{s} f_i(p_1^0,\ p_2^0,\ \cdots,\ p_{n-1}^0)x_1^{0e_i}$$

$$P_1=\sum_{i=1}^{s} f_i(p_1^1,\ p_2^1,\ \cdots,\ p_{n-1}^1)x_1^{e_i}$$

$$\vdots$$

$$P_{2\tau-1}=\sum_{i=1}^{s} f_i(p_1^{2\tau-1},\ p_2^{2\tau-1},\ \cdots,\ p_{n-1}^{2\tau-1})x_1^{e_i}$$

其中，$\tau=\max\{\mathrm{term}(f_i)\}(i=1,\ 2,\ \cdots,\ s)$，$\mathrm{term}(f_i)$表示 f_i 的项数。

至此，将目标多项式 P 的插值问题分解为 s 个项数至多为 τ 的多项式 f_i 的插值，使用 Ben－Or/Tiwari 算法插值恢复 x_1 的各个系数多项式 f_i，合并起来即为原多项式 P。稀疏多元多项式插值问题分治算法的流程如图 4－11 所示，其中 $p^{(j)}=(p_1^j,\ p_2^j,\ \cdots,\ p_{n-1}^j)$。

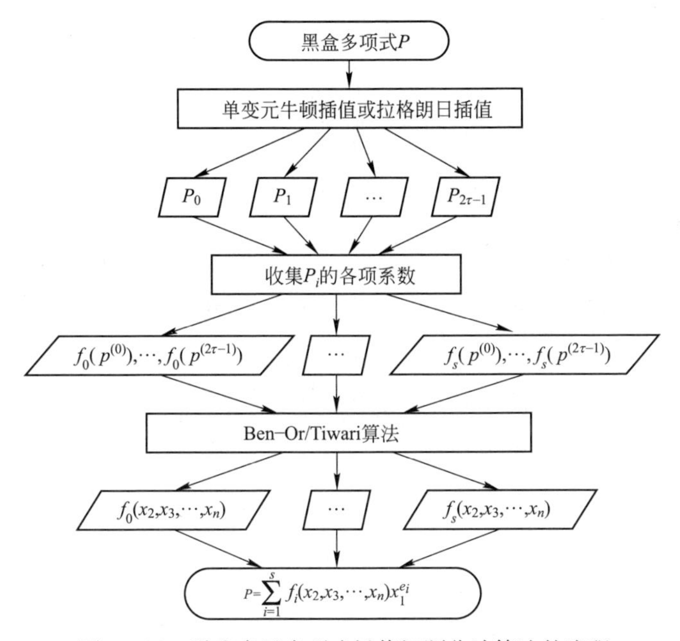

图 4－11　稀疏多元多项式插值问题分治算法的流程

4.4.2　稀疏多元多项式插值问题的分治算法

本节给出稀疏多元多项式插值问题的分治算法的详细过程。首先介绍分治算法中包含的 4 个子算法，然后给出完整的分治算法及时间复杂度分析，最后给出一个具体实例。

根据分治算法流程图（图 4－11），首先使用单变元的牛顿插值或拉格朗日插

值计算关于 x_1 的单变元多项式序列 P_0，P_1，…，$P_{2\tau-1}$，由于 x_1 次数未知，下面给出基于提前终止策略的单变元多项式插值算法（算法 4.5），求出 P_0 的同时也获得了 x_1 的次数；然后通过算法 4.6 给出的已知次数的单变元多项式算法完成 P_1，P_2，…，$P_{2\tau-1}$ 的计算。

接下来收集 P_1，P_2，…，$P_{2\tau-1}$ 的各项系数并通过 Ben－Or/Tiwari 算法恢复系数多项式 f_1，f_2，…，f_s。由于 Ben－Or/Tiwari 算法要求给定目标多项式的项数界，因此设计了算法 4.7(多项式项数判定的 Hankle 矩阵行列式检测法)，可求出 f_1，f_2，…，f_s 的准确项数；最终使用算法 4.8（已知项数的 Ben－Or/Tiwari 算法）恢复 x_1 的各个系数多项式 f_i，合并起来即为原多项式 P。

1. 基于提前终止策略的单变元多项式插值算法

稀疏多元多项式插值问题的分治算法需要获得一系列在特定点处关于变元 x_1 的单项式，由于 x_1 的最高次数未知，需要给出一个基于提前终止策略的单变元多项式插值算法。该设计思想来源于定理：给定单变元多项式 $P(x)=a_0+a_1x+\cdots+a_dx^d$ 的 k（$k>d$）个互异点处的函数值 $y_0=P(x_i)(i=0,1,\cdots,k)$，插值多项式存在且唯一。逐渐增加插值点，构造插值多项式，检测新产生的多项式是否与前一个相同，如果相同，则可获得 $P(x)$。

算法 4.5 基于提前终止策略的单变元多项式插值算法（ETUP 算法）

输入

包含 n 个变元的黑盒多项式 $P(X)=\sum_{i=1}^{s} f_i(x_2,x_3,\cdots,x_n)x_1^{e_i}$。

输出

P 在点（1，1，…，1）处关于变元 x_1 的多项式 $P_0=\sum_{i=1}^{s} f_i(1,1,\cdots,1)x_1^{e_i}$ 及 x_1 的最高次数 $d=\max\{e_i\}$，$i=1,2,\cdots,s$。

步骤

① 设置初值 $i=2$，$P_{00}=0$。

② 选择插值点 $u_j=(j,1,1,\cdots,1)(j=1,2,\cdots i)$，令 $v_j=P(u_j)$，使用牛顿插值或拉格朗日插值计算由点[(u_1,v_1)，…，(u_i,v_i)]确定的插值多项式 P_{0i}，如果 $P_{0i}=P_{0,i-1}$，返回 P_0、P_{0i} 和 x_1 的最高次数 d；否则 $i=i+1$，转到②。

---

2. 已知次数的单变元多项式插值算法

若已知单变元多项式 $P_j(j=1,2,\cdots)$ 的最高次数 d，那么可直接构造关于变元 x_1 的多项式 $P_j=\sum_{i=1}^{s} f_i(p_1^j,p_2^j,\cdots,p_{n-1}^j)x_1^{ei}$，其中 p_k 表示第 k 个素数。

算法 4.6　已知次数的单变元多项式插值算法（UP 算法）

输入

p_k 的幂次 j，变元 x_1 在 P_j 中的最高次数 d。

输出

$$P_j = \sum_{i=1}^{s} f_i(p_1^j,\ p_2^j,\ \cdots,\ p_{n-1}^j)x_1^{e_i}$$

步骤

① 选择插值点 $u_i=(2^j,\ 3^j,\ \cdots,\ p_{n-1}^j)(i=0,\ 1,\ \cdots,\ d)$，令 $v_i=P(u_i)$。

② 使用牛顿插值或拉格朗日插值计算由点［$(u_1,\ v_1)$，$(u_2,\ v_2)$，…，$(u_d,\ v_d)$］确定的插值多项式 P_j。

3. 多项式项数判定的 Hankle 矩阵行列式检测法

当多项式 P 的项数未知时，根据 P 在特定点处的赋值构造 Hankel 矩阵，其行列式可用于判定 P 的准确项数。

算法 4.7　多项式项数判定的 Hankle 矩阵行列式检测法（TD 算法）

输入

插值点最大下标 i，黑盒多项式 P 在点（2^j，3^j，…，p_n^j）处的赋值 $v_j=P(2^j,\ 3^j,\ \cdots,\ p_n^j)(j=0,\ 1,\ \cdots,\ i)$。

输出

多项式项数 k。

步骤

① 令多项式 P 的项数(k)的初值为 0。

② 如果 $i\geqslant 2$ 且 $i \bmod 2=0$，构造 Hankel 矩阵：

$$\mathbf{V}_i=\begin{bmatrix} v_0 & v_1 & \cdots & v_{i/2} \\ v_1 & v_2 & \cdots & v_{i/2+1} \\ \vdots & \vdots & & \vdots \\ v_{i/2} & v_{i/2+1} & \cdots & v_i \end{bmatrix}$$

③ 计算行列式 $|\mathbf{V}_i|$ 和 $|\mathbf{V}_{i-1}|$，如果 $|\mathbf{V}_i|=0$ 而 $|\mathbf{V}_{i-1}|\neq 0$，那么多项式 P 的项数 $k=i/2$。

④ 返回 k。

4. 已知项数的 Ben - Or/Tiwari 算法

Ben - Or/Tiwari 算法采用 BCH 编码和解码技术，使用不同素数替换变元，给出了仅有整数根的多项式求根运算的有效算法。基于以上 3 点，我们提出了一个确定性的插值算法，一次可还原多个变元。在给出的新算法中，我们使用 Ben - Or/Tiwari 算法还原 x_1 的系数多项式。

算法 4.8 已知项数的 Ben－Or/Tiwari 算法（BT 算法）

输入

黑盒多项式 P 的变元个数 n，项数 k，在 $2k$ 个点（p_1^0，p_2^0，…，p_n^0），…，（p_1^{2k-1}，p_2^{2k-1}，…，p_n^{2k-1}）处的赋值 $v_i=P(p_1^i,p_2^i,\cdots,p_n^i)(i=0,1,\cdots,2k-1)$。

输出

所有出现在 P 中的单项式及其系数。

步骤

① 构造并求解方程组 $\boldsymbol{V}_k\boldsymbol{\lambda}=-\boldsymbol{s}$，其中 $\boldsymbol{V}_k$ 的元素定义为 v_{i+j-2}，$\boldsymbol{\lambda}$ 的元素定义为 λ_{i-1}，$\boldsymbol{s}$ 的元素定义为 v_{i+k-1}。

② 构造单变元多项式：

$$\Lambda(Z)=Z^k+\lambda_{k-1}Z^{k-1}+\cdots+\lambda_1Z^1+\lambda_0$$

并求出 $\Lambda(Z)$ 的根 m_1，m_2，…，m_k。

③ 分解 $m_i=2^{\alpha_{i1}}3^{\alpha_{i2}}\cdots p_n^{\alpha_{in}}$。

④ 构造并求解线性方程组 $\boldsymbol{MC}=\boldsymbol{v}$，其中 $\boldsymbol{M}$ 的元素定义为 $m_j{}^{i-1}$，$\boldsymbol{C}$ 的元素定义为 C_i，$\boldsymbol{v}$ 的元素定义为 v_{i-1}。

⑤ 输出多项式

$$P=\sum_{i=1}^{k}C_ix_1^{\alpha_{i1}}x_2^{\alpha_{i2}}\cdots x_n^{\alpha_{in}}$$

对 BT 算法进行时间复杂度分析：求解①中的方程组需要 $O(k^3)$；②中，求 $\Lambda(Z)$的一个根至多需要 $2^{O(dn\mathrm{lb}\,n)}$，找到全部根需要 $O(k^3dn\mathrm{lb}\,n)$；④中的方程组求解也需要 $O(k^3)$。因此，BT 算法的时间复杂度为 $O(k^3dn\mathrm{lb}\,n)$。

5. 稀疏多元多项式插值问题的分治算法

基于算法 4.5～4.8 这 4 个子算法，稀疏多元多项式插值问题的分治算法如算法 4.9 所示。

算法 4.9 稀疏多元多项式插值问题的分治算法（MIDC 算法）

输入

包含 n 个变元的稀疏多元多项式黑盒：

$$P(X)=\sum_{i=1}^{t}C_iM_i(x_1,x_2,\cdots,x_n)=\sum_{i=1}^{s}f_i(x_2,x_3,\cdots,x_n)x_1^{e_i}$$

输出

所有出现在 $P(X)$ 中的单项式及其系数。

步骤

① 使用算法 4.5 构造关于变元 x_1 在点（1，1，…，1）处的单项式：

$$P_0=\sum_{j=1}^{s}f_j(1,1,\cdots,1)x_1^{e_j}$$

令 $d=\max\{e_j\}$，$v_{0j}=f_j(1,1,\cdots,1)$，$j=1,2,\cdots,s$。

② 令 i 表示插值点的幂次，令 c_j 表示是否完成 f_j 的插值，t_j 表示 f_j 的项数。初值设置为 $i=0$，$c_j=0$，$t_j=0$，$j=1$，2，…，s。

③ 如果对任意 j，$c_j=1$，转到④；否则，$i=i+1$，使用算法 4.6 获得：

$$P_i = \sum_{j=1}^{s} f_j(p_1^i, p_2^i, \cdots, p_{n-1}^i)x_1^{e_i}$$

令 $v_{ij}=f_j(p_1^i, p_2^i, \cdots, p_{n-1}^i)$ 如果 $i \bmod 2=0$，那么

如果 $c_j=0$ 且 TD（i，v_{kj}）$\neq 0$，那么

$$f_j=\mathrm{BT}(n-1, \mathrm{TD}(i, v_{kj}), v_{kj}),$$

其中 $k=0$，1，…，i。

转到③。

④ 输出 $P=\sum_{i=1}^{s} f_i(x_2, x_3, \cdots, x_n)x_1^{e_i}$。

注：所有运算均在有限域上进行，可使用有理数算法恢复系数 C_i。

算法 4.5 和算法 4.6 的时间复杂度为 $O(d)$，共执行 $2\tau+1$ 次，其中 $\tau=\max\{\mathrm{term}(f_i)\}(i=1, 2, \cdots, s)$。算法 4.7 的时间复杂度至多为 $O(\tau)$，至多执行 $O(s\tau)$次；算法 4.8 的时间复杂度为 $O(\tau^3 dn\,\mathrm{lb}\,n)$。所以，稀疏多元多项式插值问题分治算法（MIDC 算法）的时间复杂度为 $O(\tau d)+O(s\tau)+O(\tau^3 dn\,\mathrm{lb}\,n)$。

分治后 x_1 的系数多项式的最大项数 τ 远远小于目标多项式项目 t，x_1 的次数 d 远远小于目标多项式的全次数。通过分治将原问题分解为项数和次数均远小于原多项式的若干插值问题，相应的代数操作也分解为小规模运算。使用分治策略后插值算法的效率有较大提升。

6. 实例

令黑盒多项式(模 $p=100\ 003$)为

$$\begin{aligned} P &= 96x_1^2x_2x_3^3-48x_1^3x_2^2+62x_1^3x_2x_3+37x_2^2x_3x_1^2+5x_2x_3^4-19x_2^2x_3 \\ &= (62x_2x_3-48x_2^2)\,x_1^3+(96x_2x_3^3+37x_2^2x_3)\,x_1^2+5x_2x_3^4-19x_2^2x_3 \end{aligned}$$

由算法 4.5 首先构造关于变元 x_1 在点(1，1，…，1)处的单项式 $P_0=62x_1^3+133x_1^2+947$；然后使用算法 4.6 获得特定赋值点$(2^i, 3^i)(i=1, 2, \cdots)$处的单变元多项式 $P_i=f_1(2^i, 3^i)x_1^3+f_2(2^i, 3^i)x_1^2+f_3(2^i, 3^i)$，$x_1$ 在多项式 P_i 中的系数如表4-12所示。

表 4-12　x_1 在多项式 P_i 中的系数

P_i	x_1^3	x_1^2	x_1^0
P_0	14	133	99 989
P_1	180	5 628	582
P_2	1 464	85 258	28 481

续表

P_i	x_1^3	x_1^2	x_1^0
P_3	10 320	80 027	24 172
P_4	68 064	36 098	40 400

利用多项式项数判定法构造 Hankel 矩阵并计算行列式，例如对于 x_1^3 的各项系数（第 2 列），由

$$\det\left(\begin{bmatrix} 14 & 180 & 1\,464 \\ 180 & 1\,464 & 10\,320 \\ 1\,464 & 10\,320 & 68\,064 \end{bmatrix}\right) \bmod 100\,003=0$$

即可判定 x_1^3 的系数多项式为两项，接下来用算法 4.8 获得 x_1^3 的系数多项式 $62x_2x_3-48x_2^2$。同理可得 x_1^2 和 x_1^0 的系数多项式，最终恢复目标多项式：

$$P=(62x_2x_3-48x_2^2)x_1^3+(96x_2x_3^3+37x_2^2x_3)x_1^2+5x_2x_3^4-19x_2^2x_3$$

4.4.3 数值实验

本小节对稀疏多元多项式插值问题分治算法、Zippel 算法、Javadi/Monagan（JM）算法、Ben－Or/Tiwari（BT）算法进行了比较。其中，Zippel 算法是主流计算机代数系统中计算整系数多元多项式的主要方法，如 Mathematica、Maple 和 Magma。Ben－Or/Tiwari 算法是一种确定性的可同时对多个变元插值的方法。Javadi/Monagan算法是 Ben－Or/Tiwari 算法的一种变体，更易于并行实现。

多项式的规模指标包括变元个数、全次数、项数，通过考查不同规模的多项式所需的插值点个数及运行时间可以确定稀疏插值算法的性能。在基本指标确定的情况下，可采用随机多项式对插值算法进行性能比较。算法的正确性仅需要通过插值结果和目标多项式是否一致进行检验，在 Maple 环境及有限域下，各种算法均能获得准确结果，无浮点误差。

实验中给出了 2 组问题集，第 1 组固定变元个数 n 和项数 t，令全次数 d 逐渐增加；第 2 组固定变元个数 n 和全次数 d，令项数 t 逐渐增加。比较的对象为 4 种算法使用的插值点个数及运行时间（以秒为单位），编程环境为 MAC 操作系统和 Maple 17，硬件环境为 64 位 2.3 GHz Intel core i5 处理器，8 GB 内存。

在实验中，黑盒多元多项式的系数属于 Z_p，其中 $p=\text{nextprime}(10^{10})$，是大于 10^{10} 的最小素数。在实验中，黑盒功能仅为计算输出给定点处的函数值，Zippel 算法和 Javadi/Monagan 算法取定次数界为黑盒多项式全次数 d，Ben－Or/Tiwari算法取定项数界为黑盒多项式项数 t，分治算法无须给定任何上界信息。

1. 实验一

本组实验包含 5 个变元的 5 个多元多项式，项数 $t=16$，次数从 10 变化到 50。

第 i（$1 \leqslant i \leqslant 5$）个多项式使用 Maple 命令“randpoly”随机生成，如第 1 个多项式的生成命令为：

```
> randpoly([x1,x2,x3,x4,x5],terms= 16,degree= 10) mod p;
```

表 4－13 和表 4－14 分别给出了 4 个算法的运行时间和使用的插值点个数。

表 4－13　运行时间($n=5$，$t=16$)　　单位：s

d	MIDC 算法	BT 算法	JM 算法	Zippel 算法
10	0.063	0.132	0.507	0.180
20	0.082	0.141	0.724	0.309
30	0.115	0.146	0.938	0.432
40	0.145	0.208	1.337	0.692
50	0.205	0.232	1.794	0.709

从表 4－13 可以看出，MIDC 算法和 BT 算法的耗时较少，对次数变化不敏感；而 JM 算法和 Zippel 算法的耗时较多，并且随着次数的增加时间增长较快。因为 JM 算法判断变元次数需要以 d 为界，而 Zippel 算法每恢复一个变元，需要建立的方程组个数为 d。

表 4－14　插值点个数($n=5$，$t=16$)　　单位：个

d	MIDC 算法	BT 算法	JM 算法	Zippel 算法
10	79	34	192	594
20	109	34	192	1 155
30	120	34	192	1 736
40	197	34	192	2 255
50	260	34	192	2 703

从表 4－14 可以看出，在变元个数和项数固定的情形下，随着次数的增加 MIDC 算法中插值点个数也逐渐增加，由于赋值操作的时间远远小于其他代数操作(如方程组求解)，因此 MIDC 算法的时间复杂度受其影响极小。BT 算法和 JM 算法的插值点个数是一个关于 t 的函数，因而插值点个数是固定的。

2. 实验二

本组实验包含 5 个变元的 5 个多元多项式，全次数 $d=30$，项数从 4 变化到 64。第 i（$1 \leqslant i \leqslant 5$）个多项式使用命令“randpoly”随机生成，如第 1 个多项式的生成命令为

```
> randpoly([x1,x2,x3,x4,x5],terms= 4,degree= 30) mod p;
```

表 4－15 和表 4－16 分别给出了 4 个算法的运行时间和使用的插值点个数。

表 4-15 运行时间($n=5$, $d=30$) 单位：s

t	MIDC 算法	BT 算法	JM 算法	Zippel 算法
4	0.038	0.038	0.109	0.056
8	0.043	0.052	0.267	0.091
16	0.120	0.184	1.137	0.468
32	0.272	0.981	5.032	3.178
64	0.351	12.250	24.055	35.136

从表 4-15 可以看出，在多项式规模逐渐增大时，MIDC 算法的时间性能与其他 3 个算法相比优势明显。BT 算法、JM 算法、Zippel 算法的时间复杂度均与项数 t 相关，在项数较多时时间明显增加。尽管 MIDC 算法使用 BT 算法为子算法，但由于分治策略导致每个系数多项式的项数比原多项式少得多，因而时间复杂度仍然可以控制在较低的程度。

表 4-16 插值点个数($n=5$, $d=30$) 单位：个

t	MIDC 算法	BT 算法	JM 算法	Zippel 算法
4	31	10	48	527
8	55	18	96	868
16	100	34	192	1 860
32	235	66	384	3 286
64	541	130	768	6 324

MIDC 算法的插值点个数与次数、项数均有关系，与其他算法相比，插值点个数比 BT 算法多，而比 JM 算法和 Zippel 算法都要少。

数值实验表明，分治策略能有效地将原问题分解为若干个规模远小于原问题的子问题，因而在规模越大的插值问题上时间的提升越明显；同时采用 BT 算法插值子多项式也对插值点个数进行了有效控制。

4.4.4 小结

本节给出了一个有限域上求解稀疏多元多项式插值问题的分治算法，将原问题分解为若干单变元多项式和规模较小的多元多项式的插值，最后合并系数多项式得到原问题的解。本节设计了 4 个子算法，分别是基于提前终止策略的单变元多项式插值算法、已知次数的单变元多项式插值算法、多项式项数判定的 Hankel 矩阵行列式检测法、已知项数的 Ben-Or/Tiwari 算法。算法 4.5 消除了必须给定次数界的限制；算法 4.7 消除了必须给定项数界的限制，仅根据黑盒赋值恢复目标多项式；算法 4.6 和算法 4.7 实现了单变元多项式和多元多项式插值。在有限域上进行各种代数运算（多项式赋值、线性方程组求解、单变元多项式整数根计算等）有助

于提高运算速度。数值实验中，通过次数和项数的变化测试本节算法（MIDC算法）、Javadi/Monagan算法、Ben-Or/Tiwari算法、Zippel算法的时间性能和使用的插值点个数。结果表明：本节算法（MIDC算法）在插值点个数适中的情况下，能在较短时间内求解较大规模的黑盒多元多项式插值问题，具有内在的可并行性。算法4.6可对单变元多项式 $P_i(i=1, 2, \cdots, 2\tau-1)$ 同时插值，算法4.8可对系数多项式 $f_i(i=1, 2, \cdots, s)$ 同时插值，体现出分治策略对算法的可并行性，这也是进一步提高算法效率的有效途径。

第 5 章

稀疏有理函数插值

至今为止，对单变元有理函数插值的研究已比较深入，但对多变元有理函数插值的研究是近几十年才开始的，而且大部分工作都是基于密集插值，因而需要对稀疏多元有理函数插值进行进一步研究。

5.1 研究现状

考虑一个 t 稀疏、n 变元的有理函数 f 的黑盒插值，其中 t 为分母或分子的最大项数。当分子和分母的次数最多为 d 时，函数 f 中可能含有的项的数量为 $O(d^n)$，并且随着变量数目的增加，f 中可能含有的项的数量呈指数级增长。

2003 年，E. Kaltofen 和 B. Trager 提出了一种方法，可以用来分别计算黑盒有理函数的分子和分母。2007 年，E. Kaltofen 与 Z. Yang 概述了一个稀疏有理函数插值的概率性方法，可以同时插值分子和分母。此外，还一种方法是将 Zippel 提出的概率性稀疏插值推广到多元有理函数，但这种方法一次只能处理一个变量而且插值密集。2010 年，Cuyt 与 Lee 提出了正规化和一般化两种解决多变元稀疏有理函数插值问题的算法。Cuyt 与 Lee 提出的算法复杂度是多项式型的，所需的插值点也较少，给出的稀疏有理函数插值算法的复杂度不再是指数级地依赖于 n。

5.2 问题描述

要研究稀疏有理函数插值问题，首先要掌握多元多项式稀疏插值问题及单变元有理函数稀疏插值问题。假设给定一个多元有理函数黑盒，已知一组离散的数据 $(\beta_1, \beta_2, \cdots, \beta_n)$ 及通过黑盒后的输出数据 $f(\beta_1, \beta_2, \cdots, \beta_n)$，通过这些已知的离散数据，可以恢复黑盒中的多元有理函数 f，如图 5-1 所示。

$(\beta_1,\cdots,\beta_n)$　$f(\beta_1,\cdots,\beta_n)$

图 5-1　稀疏有理函数黑盒

例如，已知的输入、输出数据如表 5-1 所示。

表 5-1　稀疏有理函数黑盒输入输出数据

输入	输出
(1，2，3)	53/26
(2，3，4)	55/41
(3，4，5)	1 589/306
(4，5，6)	9 667/1 455
⋮	⋮

稀疏有理函数插值目标是通过以上离散数据恢复

$$f(x_1,\ x,\ x_3)=\frac{x_1^4+3x_2^5+x_3^2}{2x_1x_2x_3^2+3x_2}$$

5.3　单变元有理函数插值

稀疏有理函数插值分为单变元有理函数插值和多变元有理函数插值。本节首先研究单变元有理函数插值。

5.3.1　问题描述

首先研究单变元有理函数的插值问题。给定一个黑盒，它包含单变元有理函数 $f/g\in\kappa(Z)$，并且 $f(Z)$ 与 $g(Z)$ 是单变元多项式。令 $\overline{d}$ 与 $\overline{e}$ 分别为多项式 $f(Z)$ 及多项式 $g(Z)$ 的次数上界，同时满足 $\gcd(f,\ g)=1$。设 ξ 是黑盒的输入，用 ξ 替换变元 Z，$f(\xi)/g(\xi)$ 为黑盒输出的结果，如图 5-2 所示。根据上述信息，求解单变元有理函数 f/g。

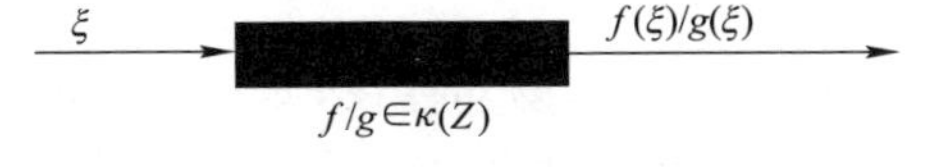

图 5-2　单变元有理函数黑盒

在研究单变元有理函数插值问题时，可以使用一种基于求解类范德蒙德系统的方法。由于已经知道了多项式 f 与多项式 g 的次数上界，所以可以用 $D=\{Z^i\mid 0\leqslant i\leqslant\overline{e}\}$ 及 $E=\{Z^j\mid 0\leqslant j\leqslant\overline{e}\}$ 分别表示 $f(Z)$ 与 $g(Z)$ 中可能出现的项的集合。将

$f(Z)$和$g(Z)$的项构成的集合D和E的系数构成的向量分别用$\boldsymbol{u}$和$\boldsymbol{v}$表示。选择随机点$p\in\kappa$，p^1是黑盒输入数据，输出$f(p^l)/g(p^l)$的函数值，记

$$\alpha_1=\frac{f(p^l)}{g(p^l)}\in\kappa\setminus\{\infty\}, \ l=0, \ 1, \ 2, \ \cdots, \ \bar{d}+\bar{e}+1$$

根据已知的函数值α_1，可以构建一个具有类范德蒙德结构的线性方程组，并且未知数为系数向量$\boldsymbol{u}$和$\boldsymbol{v}$。计算这个矩阵的零向量，可以得到系数向量$\boldsymbol{u}$和$\boldsymbol{v}$。如果$\bar{d}>d$(实际的分子多项式的次数)，$\bar{e}>e$(实际的分母多项式的次数)，即给定的次数上界比实际的次数高，那么可以证明系统的零空间维数比1大，所以需要选择相应的最低次数的核向量，这样才能得到约化的分式f/g。

5.3.2 单变元有理函数插值算法

算法设计思路为：设κ为任意域，$F(Z)$，$G(Z)$，$H(Z)\in\kappa(Z)$且满足gcd$(F, G)=1$，设$\bar{e}$及$\bar{d}$为非负的整数，并且有$\deg H<\bar{d}+\bar{e}+1$，令$i_k(k=0, 1, 2, \cdots, \bar{d}+\bar{e}+1)$不必为$\kappa$中的互不相同的元素，同时满足

$$F\equiv GH(\mathrm{mod}(Z-i_1)\cdots(Z-i_{d+e+1}))$$

定义$h_0(Z)=(Z-i_1)\cdots(Z-i_{d+e+1})$，$\delta_0=\bar{d}+\bar{e}+1$和$h_1(Z)=H(Z)$，$\delta_1=\deg H$，同时对任意$l\geqslant 2$，令$h_1(Z)$，$q_l(Z)\in\kappa[Z]$分别为欧几里德多项式余项序列中的第$l$次余项和商，$h_{l-2}(Z)=q_l(Z)h_{l-1}(Z)+h_l(Z)$，$\delta_l=\deg h_l<\delta_1$。同时注意到$H=0$为特例，此时序列定义为空。

对于任意的$l\geqslant 2$，令$w_1(Z)$，$q_l(Z)\in\kappa[Z]$为扩展欧几里德方法中的乘子，$w_1h_0+g_1h_1=h_l$，即

$$\begin{aligned}w_0&=g_1=1\\w_1&=g_0=0\\w_l&=w_{l-2}-q_1w_{l-1}\\g_l&=g_{l-2}-q_lg_{l-1}\end{aligned}$$

那么有$j\geqslant 1$满足$\delta_j\leqslant\bar{d}\leqslant\delta_{j-1}$，并且对于$j$，有

$$h_j=g_jH(\mathrm{mod}(Z-i_1)\cdots(Z-i_{\bar{d}+\bar{e}+1})), \ \deg g_j\leqslant\bar{e}$$

并且如果$\bar{d}\geqslant\deg F$，$\bar{e}\geqslant\deg G$，那么易知存在$c\in\kappa$使得$F=ch_j$，$G=cg_j$。

由上述可知，在给出了单变元有理函数的次数上界时，通过扩展欧几里德算法能够求解有理函数的分子及分母。通过对k从1迭代到$d+e+1$，可以得到准确的f/g的次数，其中d为f的次数，e为g的次数。

给出阈值$\eta\geqslant 1$，令w_j是从充分大的有限集$S\in\kappa$里均匀且随机选择的元素。计算

$$W_j=\frac{f}{g}(w_j)\neq\infty,\ j=1,\ \cdots,\ \eta$$

对于每一个 κ，可以利用扩展欧几里德算法，从全部的余项/协因子里求出 f_{ij}/g_{ij}，满足以下条件：

① $\deg f_{ij}\leqslant\bar{d}$，$\deg g_{ij}\leqslant\bar{e}$；

② 对于所有的 $1\leqslant j\leqslant\eta$，有 $(f_{ij}/g_{ij})(w_j)=W_j$。

若 f_{ij}/g_{ij} 满足上述两个条件，可知存在 $c\neq0$，$f_{ij}=cf_i$，$g_{ij}=cg_i$ 高概率成立，故而单变元有理函数 f/g 可以被成功插值。

在柯西插值中加入提前终止策略，再结合概率法进行单变元有理函数的恢复。以下是这种方法的程序实现。

程序 5.1　函数赋值

```
Computevalue(f1)
  for z from 1 to 5 do
    s:=subs(x=x0*z+sigma1,y=y0*z+sigma2,f1) mod modprime;
    val:=val union {[z,s]};
  end do;
```

程序 5.2　拉格朗日插值算法

```
lag()
  success:=0;
  s2:=convert(s1,list);
  no:=nops(s2); # print(no);
  ValueX:=[seq(op(1,s2[j]),j=1..no-1)];
  ValueY:=[seq(op(2,s2[j]),j=1..no-1)];
  f:=i->mul(z-ValueX[j],j=1..i- 1)*mul(z-ValueX[j],j=i+1..nops(ValueX));
   g:=i->mul(ValueX[i]-ValueX[j],j=1..i-1)*mul(ValueX[i]-ValueX[j],
   j=i+1..nops(ValueX));
  l:=i->(ValueY[i]*f(i))/(g(i));
  l:=add(l ( i ) , i=1..nops ( ValueX ) ) ;
  l: =expand(l ) mod modprime;
```

程序 5.3　单变元有理函数插值算法

```
while success=0 do
   h0:=expand(mul(z-j,j=1..i)) mod modprime;
   h1:=lag(computevalue(ft));
   g0:=0;
   g1:=1;
   while success=0 and degree(h1,z)>0 do
```

```
        h2:=Rem(h0,h1,z) mod modprime;
        q2:=quo(h0,h1,z) mod modprime;
        g2:=(g0-q2*g1) mod modprime;
        h0:=h1;
        h1:=h2;
        g0:=g1;
        g1:=g2;
        if (subs(z=5,h1/(g1)) mod modprime) =3503184720 then success:= 1;
        end if;
    end do;
    if success=1 then
     return (expand(h1/(g1)) mod modprime);
    else i:=i+1;
    end if;
end do;
```

5.3.3 算例

【例 5-1】 设黑盒单变元有理函数

$$H=\frac{z^3+z^2+11}{3z^2+12}$$

其中，模 m 为 101。求解在第 $k(k=1,2,\cdots)$ 次循环时 h_1/g_1 的数值。

解 选择点 $i_j=j(j=1,2,\cdots,k)$，下面给出第 $k(k=1,2,\cdots)$ 次循环 h_1/g_1 的计算结果。

① 当 $k=1$，2 时，h_1/g_1 不是单变元有理函数。

② 当 $k=3$ 时，第 2 个循环中 h_1/g_1 是$\frac{49z+10}{14+23z}$。

③ 当 $k=4$ 时，第 2 个循环一共执行了 2 次，h_1/g_1 分别为

$$\frac{83z^2+51z+68}{69+32z},\ \frac{67z+82}{39+35z+28z^2}$$

④ 当 $k=5$ 时，第 2 个循环一共执行了 3 次，h_1/g_1 分别为

$$\frac{91z^3+76z^2+71z+73}{37+81z},\ \frac{96z^2+91z+61}{86+27z+10z^2},\ \frac{12(5z+1)}{52+84z+37z^2+81z^3}$$

⑤ 当 $k=6$ 时，第 2 个循环一共执行了 2 次，h_1/g_1 的计算结果分别为

$$\frac{51(17z^4+47z^3+54z^2+85z+88)}{50+13z},\ \frac{z^3+z^2+11}{3z^2+12}$$

经过检验，

$$H'=\frac{z^3+z^2+11}{3z^2+12}$$

即为所求。

5.4　多元有理函数插值

本节介绍多元有理函数插值问题，包括正规化多元多项式有理函数插值及一般化多元多项式有理函数插值。在对多变量的有理函数进行插值时，首先要判断分母中是否含有不为零的常数项，若分母中无不为零的常数项，则选择一般化算法；若分母中有非零常数项，则后续插值使用正规化算法。本节最后将给出具体的运算实例。

5.4.1　问题描述

给出多元有理函数黑盒 $f=p/q$，即

$$f(x_1, \cdots, x_n)=\frac{p(x_1, \cdots, x_n)}{q(x_1, \cdots, x_n)}$$

其中，$p(x_1, \cdots, x_n)$和$q(x_1, \cdots, x_n)$中项的次数最多为d次。$p(x_1, \cdots, x_n)$和$q(x_1, \cdots, x_n)$是多元多项式。

对任意的点$(\xi_1, \cdots, \xi_n)$，黑盒输出对应函数值$f(\xi_1, \cdots, \xi_n)$，要求通过上述信息恢复黑盒中的多元有理函数$f(x_1, \cdots, x_n)$。

将分子的最大项数或者分母的最大项数设为τ，下面考虑含有n个变元的τ稀疏有理函数f的黑盒插值问题（见图5-3）。多元有理函数稀疏插值指的是恢复f的时间和函数f的稀疏性有关，也就是说与p和q中的不为零的项的项数相关。

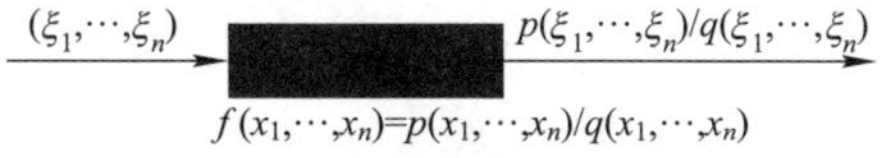

$(\xi_1,\cdots,\xi_n)$ → $f(x_1,\cdots,x_n)=p(x_1,\cdots,x_n)/q(x_1,\cdots,x_n)$ → $p(\xi_1,\cdots,\xi_n)/q(\xi_1,\cdots,\xi_n)$

图5-3　多元有理函数黑盒

Lee及Cuyt给出了多元有理函数稀疏插值算法，包括正规化方法和一般化方法两种插值方法，可以根据分母是否含有不为零的常数项决定是使用一般化方法还是正规化方法。对于在（0，…，0）有定义的多元有理函数，可以利用正规化方法使分母常数项变为1；反之，对于分母中不含不为零的常数项的函数，可以选择转换基令分母常数项不为零，但这样做的结果是原函数无法保持稀疏性。构造转换基的方法由Lee及Cuyt提出，同时他们也给出了转换后保持f稀疏性的方法。

Lee 与 Cuyt 提出的算法有两个关键子算法：单变元有理函数插值算法和多元有理函数插值算法。

由于函数 f 的分母及分子的最高次数与辅助单变元有理函数的最高次数是一模一样的，所以单变元有理函数插值依旧属于稠密插值。

可以利用稀疏多元多项式插值获得构造的辅助单变元有理函数的系数。又因为 τ 决定了稀疏多元多项式插值算法的复杂度，因此消除了 n 的影响。

5.4.2 多元有理函数插值算法（正规化）

首先将黑盒多元有理函数 f 用多项式基表示出来，若函数分母中含有不为零的常数项，那么可以使用正规化方法使分母中的常数项化为 1。函数 f 可表示为

$$f(x_1, \cdots, x_n)=\frac{a_1 x_1^{d1,1}\cdots x_n^{d1,n}+\cdots+a_s x_n^{ds,n}\cdots x_n^{ds,n}}{1+b_2 x_1^{e_{1,1}}\cdots x_n^{e_{2,n}}+\cdots+b_t x_1^{e_{t,1}}\cdots x_n^{et,n}},\ a_k\neq 0,\ b_l\neq 0$$

$$(k=1, \cdots, s,\ l=1, \cdots, t)$$

首先引入次变元 z，之后构造辅助有理函数 $F(z, x_1, \cdots, x_n)$，

$$F(z, x_1, \cdots, x_n)=f(x_1 z, \cdots, x_n z)=$$

$$\frac{A_0(x_1, \cdots, x_n)\cdot z^0+A_1(x_1, \cdots, x_n)\cdot z+\cdots+A_\upsilon(x_1, \cdots, x_n)\cdot z^\upsilon}{1+B_1(x_1, \cdots, x_n)\cdot z+\cdots+B_\delta(x_1, \cdots, x_n)\cdot z^\delta} \quad (5-1)$$

将公式（5-1）看做是关于变元 z 的单变元多项式，多项式的系数取自 $\kappa[x_1, \cdots, x_n]$。之后用 $P(Z)$ 表示 F 的分子，用 $Q(Z)$表示分母，$P(Z)$与 $Q(Z)$的系数分别可用下列多元多项式表示

$$A_k(x_1, \cdots, x_n)=\sum_{d_{j,1}+\cdots+d_{j,n}=k} a_j x_1^{d_{j,1}}\cdots x_n^{d_{j,n}},\ 0\leqslant k\leqslant \upsilon$$

$$B_0=1,\ B_l(x_1, \cdots, x_n)=\sum_{e_{j,1}+\cdots+e_{j,n}=k} b_j x_1^{e_{j,1}}\cdots x_n^{e_{j,n}},\ 1\leqslant l\leqslant \delta$$

收集 A_k 和 B_l：

$$p(x_1, \cdots, x_n)=\sum_{k=0}^{\upsilon} A_k(x_1, \cdots, x_n),\ q(x_1, \cdots, x_n)=\sum_{l=0}^{\delta} B_l(x_1, \cdots, x_n)$$

假如对 $A_k(0\leqslant k\leqslant \upsilon)$ 及 $B_l(0\leqslant l\leqslant \delta)$ 进行插值，那么可以得到 p 及 q，这样就求出了 f。算法 5.1 给出了正规化插值算法。

算法 5.1 稀疏有理函数插值算法（正规化）

输入

$f(x_1, \cdots, x_n)$：黑盒多元有理函数；υ：函数分子 p 的总次数；δ：函数分母 q 的总次数；η：正整数，表示早终止策略所需要的阈值。

输出

a_k，b_l，$(d_{k,1}, \cdots, d_{k,n})$，$(e_{l,1}, \cdots, e_{l,n})$，$f(x_1, \cdots, x_n) = \dfrac{\sum_{k=1}^{s} a_k x_1^{d_{k,1}} \cdots x_n^{d_{k,n}}}{1+\sum_{l=2}^{t} b_l x_1^{e_{l,1}} \cdots x_n^{e_{l,n}}}$。若插值失败，则返回错误信息。

步骤

① 齐次化。对于 $i=0, 1, 2, \cdots$，生成 $(\omega_1^{(i)}, \cdots, \omega_n^{(i)})$，$(\omega_1^{(i)}, \cdots, \omega_n^{(i)})$ 可以通过稀疏多元多项式插值算法确定。

② 稠密单变元有理函数插值。在 $0 \leqslant j \leqslant \upsilon+\delta$ 的条件下取互不相同的 ξ_0，ξ_1，…，$\xi_{\upsilon+\delta}$，求出 $f(\omega_1^{(i)}\xi_j, \cdots, \omega_n^{(i)}\xi_j)$，经过 $\upsilon+\delta+1$ 次赋值，通过插值可以得到

$$\begin{aligned} F(z, \omega_1^{(i)}, \cdots, \omega_n^{(i)}) &= f(\omega_1^{(i)}z, \cdots, \omega_n^{(i)}z) \\ &= \frac{A_0(\omega_1^{(i)}, \cdots, \omega_n^{(i)}) \cdot z^0 + \cdots + A_\upsilon(\omega_1^{(i)}, \cdots, \omega_n^{(i)}) \cdot z^\upsilon}{1+B_1(\omega_1^{(i)}, \cdots, \omega_n^{(i)}) \cdot z + \cdots + B_\delta(\omega_1^{(i)}, \cdots, \omega_n^{(i)}) \cdot z^\delta} \end{aligned} \quad (5-2)$$

③ 稀疏多元有理函数插值。通过式（5-2）中的系数可得

$$\begin{aligned} &A_0(\omega_1^{(i)}, \cdots, \omega_n^{(i)}), A_1(\omega_1^{(i)}, \cdots, \omega_n^{(i)}), \cdots, A_\upsilon(\omega_1^{(i)}, \cdots, \omega_n^{(i)}), \\ &B_1(\omega_1^{(i)}, \cdots, \omega_n^{(i)}), \cdots, B_\delta(\omega_1^{(i)}, \cdots, \omega_n^{(i)}) \end{aligned}$$

之后再利用稀疏多元多项式插值算法对 $A_k(0 \leqslant k \leqslant \upsilon)$ 及 $B_l(0 \leqslant l \leqslant \delta)$ 进行插值。

5.4.3　多元有理函数插值算法（一般化）

如果多元有理函数的分母没有不为零的常数项，即函数在（0，…，0）点没有定义，可以通过转换基，在函数 f 的分母上强行加上一个不为零的常数项。但是，经过这步变换之后，有理函数丧失了原有的稀疏性。因此，我们通过消去高次项在基转换之后对低次项的影响来保持函数原本的稀疏性。

首先，随机选择点 $(\sigma_1, \cdots \sigma_n)$。如果 $f=p/q$ 有定义，那么可知 $q(\sigma_1, \cdots, \sigma_n) \neq 0$。引入 z 作为齐次变元，定义函数 f 的转换齐次函数，并且构造辅助函数

$$\begin{aligned} \Gamma(z, x_1, \cdots, x_n) &= f(x_1 z+\sigma_1, \cdots, x_n z+\sigma_n) \\ &= \frac{\widetilde{\alpha}_0(x_1, \cdots, x_n) \cdot z^0 + \widetilde{\alpha}_1(x_1, \cdots, x_n) \cdot z + \cdots + \widetilde{\alpha}_\upsilon(x_1, \cdots, x_n) \cdot z^\upsilon}{\widetilde{\beta}_0(x_1, \cdots, x_n) \cdot z^0 + \widetilde{\beta}_1(x_1, \cdots, x_n) \cdot z + \cdots + \widetilde{\beta}_\delta(x_1, \cdots, x_n) \cdot z^\delta} \end{aligned} \quad (5-3)$$

基的转换并不会影响到总次数 υ 与 δ 及系数 $\alpha_\upsilon(x_1, \cdots, x_n)$ 和 $\beta_\delta(x_1, \cdots, x_n)$。所以，可以从最高项 α_υ 和 β_δ 进行插值，在这之后，继续插值 $\alpha_\upsilon - 1$ 和 $\beta_\delta - 1$，同时消去高次项在基转换后对该项的影响，重复上述步骤。下面给出利用一般化多元有理函数稀疏插值算法恢复有理函数的具体步骤。

恢复函数

$$f(x_1, \cdots, x_n)=\frac{p}{q}=\frac{a_1x_1^{d_{1,1}}\cdots x_n^{d_{1,n}}+\cdots+a_sx_1^{d_{s,1}}\cdots x_n^{d_{s,n}}}{b_1x_1^{e_{1,1}}\cdots x_n^{e_{1,n}}+\cdots+b_tx_1^{e_{t,1}}\cdots x_n^{e_{t,n}}}$$

第一步，变量替换，选择（σ_1，…，σ_n），满足 $q(\sigma_1, \cdots, \sigma_n)\neq 0$。

第二步，如式(5-3)，产生 $x_1=\omega_1^{(i)}$，…，$x_n=\omega_n^{(i)}$ 的齐次辅助单变元有理函数

$$\begin{aligned}&\Gamma(z, \omega_1^{(i)}, \cdots, \omega_n^{(i)})\\&=f(\omega_1^{(i)}z+\sigma_1, \cdots, \omega_n^{(i)}z+\sigma_n)\\&=\frac{\alpha_0'(\omega_1^{(i)}, \cdots, \omega_n^{(i)})z^0+\alpha_1'(\omega_1^{(i)}, \cdots, \omega_n^{(i)})z^1+\cdots+\alpha_\upsilon'(\omega_1^{(i)}, \cdots, \omega_n^{(i)})z^\upsilon}{\beta_0+\beta_1'(\omega_1^{(i)}, \cdots, \omega_n^{(i)})+\cdots+\beta_\delta'(\omega_1^{(i)}, \cdots, \omega_n^{(i)})z^\delta}\\&=\frac{\alpha_0(\omega_1^{(i)}, \cdots, \omega_n^{(i)})z^0+\alpha_1(\omega_1^{(i)}, \cdots, \omega_n^{(i)})z^1+\cdots+\alpha_\upsilon(\omega_1^{(i)}, \cdots, \omega_n^{(i)})z^\upsilon}{1+\beta_1(\omega_1^{(i)}, \cdots, \omega_n^{(i)})+\cdots+\beta_\delta(\omega_1^{(i)}, \cdots, \omega_n^{(i)})z^\delta}\end{aligned}$$

$i=1, 2, \cdots$。最终目的是恢复多变元多项式 α_0，…，α_υ，β_1，…，β_δ，所以 i 的个数取决于 α_0，…，α_υ，β_1，…，β_δ 这些多项式的形式和选用的多变元多项式插值算法。

第三步，从高次到低次恢复分子的各项系数 α_0，…，α_υ。恢复的顺序要按照 α_υ，$\alpha_{\upsilon-1}$，…，α_0(不能像分母原本就有常数项的那种类型)，可以对 α_υ，$\alpha_{\upsilon-1}$，…，α_0 进行并行插值。

(1) 恢复 $\alpha_\upsilon(x_1, \cdots, x_n)$，并且计算它对低次项的影响，将这些影响保存下来。

① 利用自变量的值（$\omega_1^{(i)}$，…，$\omega_n^{(i)}$）、函数值 $\alpha_\upsilon(\omega_1^{(i)}, \cdots, \omega_n^{(i)})$ 完成 $\alpha_\upsilon(x_1, \cdots, x_n)$ 的插值。

② 计算 $\alpha_\upsilon(x_1, \cdots, x_n)$ 对低次项的影响。

$$\begin{aligned}\alpha_\upsilon(x_1z+\sigma_1, \cdots, x_nz+\sigma_n)=&f_{\upsilon,\upsilon}(x_1, \cdots, x_n)z^\upsilon+f_{\upsilon,\upsilon-1}(x_1, \cdots, x_n)z^{\upsilon-1}\\&+f_{\upsilon,\upsilon-2}(x_1, \cdots, x_n)z^{\upsilon-2}+\cdots\\&+f_{\upsilon,1}(x_1, \cdots, x_n)z^1+f_{\upsilon,0}\end{aligned}$$

记录 $\alpha_\upsilon(x_1, \cdots, x_n)$ 对低次项的影响：

对恢复系数 $\alpha_{\upsilon-1}(x_1, \cdots, x_n)$ 的影响：$f_{\upsilon,\upsilon-1}(x_1, \cdots, x_n)$

对恢复系数 $\alpha_{\upsilon-2}(x_1, \cdots, x_n)$ 的影响：$f_{\upsilon,\upsilon-2}(x_1, \cdots, x_n)$

对恢复系数 $\alpha_{\upsilon-3}(x_1, \cdots, x_n)$ 的影响：$f_{\upsilon,\upsilon-3}(x_1, \cdots, x_n)$

$\vdots$

对恢复系数 $\alpha_0(x_1, \cdots, x_n)$ 的影响：$f_{\upsilon,0}$

(2) 恢复 $\alpha_{\upsilon-1}(x_1, \cdots, x_n)$，并且计算它对低次项的影响，将这些影响保存下来。

① 利用（$\omega_1^{(i)}$，…，$\omega_n^{(i)}$），$\alpha_{\upsilon-1}(\omega_1^{(i)}, \cdots, \omega_n^{(i)})-f_{\upsilon,\upsilon-1}(\omega_1^{(i)}, \cdots, \omega_n^{(i)})$，完成 $\alpha_{\upsilon-1}(x_1, \cdots, x_n)$ 的插值。

② 计算 $\alpha_{\upsilon-1}(x_1, \cdots, x_n)$ 对低次项的影响。

$$\alpha_{\upsilon-1}(x_1z+\sigma_1, \cdots, x_nz+\sigma_n)= f_{\upsilon-1,\upsilon-1}(x_1, \cdots, x_n)z^{\upsilon-1}+f_{\upsilon-1,\upsilon-2}(x_1, \cdots, x_n)z^{\upsilon-2}+ f_{\upsilon-1,\upsilon-3}(x_1, \cdots, x_n)z^{\upsilon-3}+\cdots+ f_{\upsilon-1,1}(x_1, \cdots, x_n)z^1+f_{\upsilon-1,0}$$

③ 记录 $\alpha_{\upsilon-1}(x_1, \cdots, x_n)$ 对低次项的影响。

对恢复系数 $\alpha_{\upsilon-2}(x_1, \cdots, x_n)$ 的影响：$f_{\upsilon-1,\upsilon-2}(x_1, \cdots, x_n)$

对恢复系数 $\alpha_{\upsilon-3}(x_1, \cdots, x_n)$ 的影响：$f_{\upsilon-1,\upsilon-3}(x_1, \cdots, x_n)$

对恢复系数 $\alpha_{\upsilon-4}(x_1, \cdots, x_n)$ 的影响：$f_{\upsilon-1,\upsilon-4}(x_1, \cdots, x_n)$

⋮

对恢复系数 $\alpha_0=(x_1, \cdots, x_n)$：$f_{\upsilon-1,0}$

(3) 恢复 $\alpha_{\upsilon-2}(x_1, \cdots, x_n)$，并且计算它对低次项的影响，将这些影响保存下来。

① 利用 $(\omega_1^{(i)}, \cdots, \omega_n^{(i)})$，$\alpha_{\upsilon-2}(\omega_1^{(i)}, \cdots, \omega_n^{(i)})-f_{\upsilon,\upsilon-2}(\omega_1^{(i)}, \cdots, \omega_n^{(i)})-f_{\upsilon-1,\upsilon-2}(\omega_1^{(i)}, \cdots, \omega_n^{(i)})$，完成 $\alpha_{\upsilon-2}(x_1, \cdots, x_n)$的插值。

② 计算 $\alpha_{\upsilon-2}(x_1, \cdots, x_n)$对低次项的影响。

$$\alpha_{\upsilon-2}(x_1z+\sigma_1, \cdots, x_nz+\sigma_n)=f_{\upsilon-2,\upsilon-2}(x_1, \cdots, x_n)z^{\upsilon-2}+f_{\upsilon-2,\upsilon-3}(x_1, \cdots, x_n)z^{\upsilon-3}+ f_{\upsilon-2,\upsilon-4}(x_1, \cdots, x_n)z^{\upsilon-4}+\cdots+ f_{\upsilon-2,1}(x_1, \cdots, x_n)z^1+f_{\upsilon-2,0}$$

③ 记录 $\alpha_{\upsilon-2}(x_1, \cdots, x_n)$ 对低次项的影响。

对恢复系数 $\alpha_{\upsilon-3}(x_1, \cdots, x_n)$ 的影响：$f_{\upsilon-2,\upsilon-3}(x_1, \cdots, x_n)$

对恢复系数 $\alpha_{\upsilon-4}(x_1, \cdots, x_n)$ 的影响：$f_{\upsilon-2,\upsilon-4}(x_1, \cdots, x_n)$

对恢复系数 $\alpha_{\upsilon-5}(x_1, \cdots, x_n)$ 的影响：$f_{\upsilon-2,\upsilon-5}(x_1, \cdots, x_n)$

⋮

对恢复系数 $\alpha_0(x_1, \cdots, x_n)$ 的影响：$f_{\upsilon-2,0}$。

(4) 依次按照上述方法恢复 $\alpha_{\upsilon-3}(x_1, \cdots, x_n)$，$\alpha_{\upsilon-4}(x_1, \cdots, x_n)$，…，$\alpha_1(x_1,\cdots, x_n)$，插值点的计算都要去掉所有的高次项对它的影响，每恢复一项系数，就计算它对低次项的影响，并将这些影响保存下来。

(5) 恢复 $\alpha_0(x_1, \cdots, x_n)$。利用$(\omega_1^{(i)}, \cdots, \omega_n^{(i)})$，$\alpha_0(\omega_1^{(i)}, \cdots, \omega_n^{(i)})-f_{\upsilon,0}-f_{\upsilon-1,0}-f_{\upsilon-2,0}-\cdots-f_{1,0}$，完成 $\alpha_0(x_1, \cdots, x_n)$ 的插值。

(6) 恢复整个分子的形式

$$p= \alpha_\upsilon(x_1, \cdots, x_n)+\alpha_{\upsilon-1}(x_1, \cdots, x_n)+\alpha_{\upsilon-2}(x_1, \cdots, x_n)+\cdots+\alpha_0(x_1, \cdots, x_n)$$

第四步，恢复分母的各项。恢复的顺序为从高次项到低次项，

$$\beta_\delta(x_1, \cdots, x_n), \beta_{\delta-1}(x_1, \cdots, x_n), \cdots, \beta_1(x_1, \cdots, x_n)$$

分母

$$q=\beta_\delta(x_1, \cdots, x_n)+\beta_{\delta-1}(x_1, \cdots, x_n)+\cdots+\beta_1(x_1, \cdots, x_n)$$

注意：分子和分母可以并行插值。

5.4.4 实例

【例 5-2】 令黑盒多元有理函数为

$$f(x_1, x_2)=\frac{3x_1^2+2x_2^3+x_1x_2}{1+5x_1^4+6x_2}$$

给出 f 的插值过程。

解 (1) 判定 f 是否含有非零常数项。由于给出了具体黑盒函数，易知函数分母含有非零常数项，所以在恢复此函数时采取正规化方法。

(2) 引入一个新变元 z（与 x_1，x_2 不同即可）。根据已知黑盒函数，可以构造如下辅助有理函数

$$F(z, x_1, x_2)=f(x_1z, x_2z)=\frac{(3x_1^2+x_1x_2)z^2+2x_2^3z^3}{1+6x_2z+5x_1^4z^4}$$

(3) 还原 f 的分子和分母关于齐次变元 z 的系数多项式。本书使用 Ben－Or/Tiwari 算法。选取$(x_1^{(i)}, x_2^{(i)})=(2^i, 3^i)(i=0, 1, 2, \cdots)$ 作为插值点。

① $i=0, 1, 2, \cdots, 5$ 生成插值点 $(x_1^{(i)}, x_2^{(i)})=(2^i, 3^i)$，采用单变元有理函数插值算法完成 $F(z, 2^i, 3^i)=f(2^iz, 3^iz)(i=1, 2, \cdots, 5)$ 的插值，可得

$$F=(z, 2^0, 3^0)=\frac{4z^2+2z^3}{1+6z+5z^4}$$

$$F=(z, 2^1, 3^1)=\frac{18z^2+54z^3}{1+54z+80z^4}$$

$$F=(z, 2^2, 3^2)=\frac{84z^2+1\ 458z^3}{1+486z+1\ 280z^4}$$

$$F=(z, 2^3, 3^3)=\frac{408z^2+39\ 366z^3}{1+4\ 374z+20\ 480z^4}$$

$$F=(z, 2^4, 3^4)=\frac{2\ 064z^2+1\ 062\ 882z^3}{1+39\ 366z+327\ 680z^4}$$

$$F=(z, 2^5, 3^5)=\frac{10\ 848z^2+28\ 697\ 814z^3}{1+354\ 294z+5\ 242\ 880z^4}$$

设

$$F(z, x_1, x_2)=f(x_1z, x_2z)=\frac{A_2z^2+A_3z^3}{1+B_1z+B_4z^4}$$

其中，A_2，A_3，B_1，B_4是关于 x_1，x_2 的多元多项式。

② 利用 Ben－Or/Tiwari 算法及①中得到的 F 在 6 个点处的单变元有理函数，

还原系数多项式

$$A_2=3x_1^2+x_1x_2,\quad A_3=2x_2^3,\quad B_1=6x_2,\quad B_4=5x_1^4$$

通过上述步骤，黑盒多元有理函数恢复为

$$f(x_1,\ x_2)=\frac{3x_1^2+2x_2^3+x_1x_2}{1+5x_1^4+6x_2}$$

【例 5-3】 恢复函数

$$f=\frac{4x^3+x^2+x+5}{5x^2+x}$$

给出具体的插值过程。

解 （1）易知函数分母没有不为零的常数项，因此在恢复此函数时应选取一般化方法。

（2）$f=\dfrac{4x^3+x^2+x+5}{5x^2+x}=\dfrac{f_1(x)+f_2(x)+f_3(x)+c}{g_1(x)+g_2(x)+c_1}$

计算插值点：

① $x=1$，$\sigma=1$，$f(x\cdot z+\sigma)=\dfrac{\frac{2}{3}z^3+\frac{13}{6}z^2+\frac{5}{2}z+\frac{11}{6}}{\frac{5}{6}z^2+\frac{11}{6}z+1}$

② $x=2\ \sigma=1$，$f(x\cdot z+\sigma)=\dfrac{\frac{16}{3}z^3+\frac{26}{3}z^2+5z+\frac{11}{6}}{\frac{10}{3}z^3+\frac{11}{3}z+1}$

③ $x=3\ \sigma=1$，$f(x\cdot z+\sigma)=\dfrac{18z^3+\frac{39}{2}z^2+\frac{15}{2}z+\frac{11}{6}}{\frac{15}{2}z^2+\frac{11}{2}z+1}$

④ $x=4$，$\sigma=1$，$f(x\cdot z+\sigma)=\dfrac{\frac{128}{3}z^3+\frac{104}{3}z^2+10z+\frac{11}{6}}{\frac{40}{3}z^2+\frac{22}{3}z+1}$

具体步骤如下。

第一步，恢复分子的最高次项 $f_1(x)$。

① 插值点{[1，2，3，4]，[2/3，16/3，18，128/3]}，通过牛顿插值得到 $f_1(x)=\dfrac{2}{3}x^3$.

② 计算最高次项 $f_1(x)$ 对低次项的影响

$$\frac{2}{3}x^2 \rightarrow \frac{2}{3}(x \cdot z + 1)^3 = \frac{2}{3}x^3z^3 + 2x^2z^2 + 2xz + \frac{2}{3}$$

③ 记录：$f_1(x)$ 对 $f_2(x)$ 的影响为 $2x^2$，$f_1(x)$ 对 $f_3(x)$ 的影响 $2x$，$f_1(x)$ 对 $f_4(x)$ 的影响 2/3。

第二步，恢复分子的次高次项 $f_2(x)$。

① 插值点 {[1，2，3]，[13/6，26/3，39/2]}。

② 消去最高次项 $f_1(x)$对 $f_2(x)$ 的影响：

$$\begin{aligned} &\{[1,2,3],[13/6-2x^2,26/3-2x^2,39/2-2x^2,]\} \\ =&\{[1,2,3],[13/6-2\cdot 1^2,26/3-2\cdot 2^2,39/2-2\cdot 3^2]\} \\ =&\{[1,2,3],[1/6,2/3,3/2]\} \end{aligned}$$

③ 通过牛顿插值得到 $f_2(x)=\frac{1}{6}x^2$。

④ 计算次高次项 $f_2(x)$ 对低次项的影响：

$$\frac{1}{6}x^2 \rightarrow \frac{1}{6}(x \cdot z + 1)^2 = \frac{1}{6}x^2z^2 + \frac{1}{3}xz + \frac{1}{6}$$

⑤ 记录：$f_2(x)$ 对 $f_3(x)$ 的影响为$\frac{1}{3}x$，$f_2(x)$ 对 $f_4(x)$ 的影响为$\frac{1}{6}$。

第三步，恢复分子的一次项 $f_3(x)$。

① 计算得到插值点 {[1，2]，[5/2，5]}。

② 消去最高次项 $f_1(x)$对 $f_2(x)$，$f_3(x)$ 的影响：

$$\{[1,2],[5/2-2x-\frac{1}{3}x,5-2x-\frac{1}{3}x]\}=$$

$$\{[1,2],[5/2-2-\frac{1}{3},5-2\cdot 2-\frac{1}{3}\cdot 2]\}=\{[1,2],[\frac{1}{6},\frac{1}{3}]\}$$

③ 通过牛顿插值得到：$\frac{1}{6}$。

④ 计算 $f_3(x)$ 对低次项的影响：

$$\frac{1}{6}\cdot x \rightarrow \frac{1}{6}(x \cdot z + 1) \rightarrow \frac{1}{6}xz + \frac{1}{6}$$

$f_3(x)$ 对 $f_4(x)$ 的影响为$\frac{1}{6}$。

第四步，恢复分子的常数项 c。

① 插值点 { [5/2，5] }。

② 消去 $f_1(x)$，$f_2(x)$，$f_3(x)$ 对常数项 c 的影响：

$$\frac{11}{6}-\frac{2}{3}-\frac{1}{6}-\frac{1}{6}=\frac{5}{6}$$

第五步，计算分子的表达式。

$$f_1(x)+f_2(x)+f_3(x)+c=\frac{2}{3}x^3+\frac{1}{6}x^2+\frac{1}{6}x+\frac{5}{6}$$

第六步，计算分母的表达式。(步骤与恢复分子的表达式做法相同)

最后恢复的黑盒有理函数为

$$f=\frac{4x^3+x^2+x+5}{5x^2+x}$$

5.4.5 数值实验

本节将给出稀疏多元有理函数插值的数值实验，数据包括多元有理函数插值时需要的插值点个数。通过 Maple 自带的 randpoly 命令随机生成函数。参数定义为：n，变量个数；υ，分子的次数；s，分子的项数；δ，分母的次数；t，分母的项数。

令

$$f_1=\frac{-22x_2^3x_3^4}{-60x_2^2x_3+34}$$

$$f_2=\frac{82x_1^4x_2^2x_3^4}{-60x_2^2x_3+34}$$

$$f_3=\frac{64x_1^3x_2^3x_3^2+97x_1^9x_2^3x_3^4}{-60x_2^2x_3+34}$$

$$f_4=\frac{-81x_1^{11}x_2^3x_3^4-46x_1^2x_2^2x_3^9+4x_1x_2x_3^3}{-60x_2^2x_3+34}$$

$$f_5=\frac{-4x_1^7x_3^{11}}{-60x_2^2x_3+34}$$

具体的实验结果如表 5-2 所示。

表 5-2 多元有理函数插值的插值点个数

f	n	s	t	υ	δ	模	插值点个数	一般方法插值点个数
f_1	2	1	2	7	3	100 007	48	152
f_2	3	1	2	10	3	100 007	60	152
f_3	3	2	2	16	3	100 007	84	756
f_4	3	3	2	18	3	100 007	92	1 737
f_5	3	1	2	18	3	100 007	92	1 737

插值算法在图像处理、信号恢复等方面有着重大作用，本书研究的稀疏有理函数插值在密码学、图像处理等方面有重大的应用意义。

第6章

基于稀疏插值的多元多项式最大公因式计算

6.1 研究背景

多元多项式最大公因式（GCD）的计算是符号计算的基本问题之一。例如，为了使运算效率更高，在有理分式的表示中常希望分子与分母互素，这样对给定的原始数据，就要求去掉其最大公因式。又如在因式分解或积分等许多计算中也都以最大公因式计算作为子算法。因此设计最大公因式计算的有效方法，对提高符号计算的效率具有重要意义。

多元多项式最大公因式计算问题是20世纪70—80年代计算机代数的核心问题。经典的计算方法有Euclid算法及其改进算法（如Collins提出的约化PRS算法，Brown和Traub提出的子结式PRS算法），它们适用于规模适中的多项式，遇到稀疏多项式时，计算过程的中间表达式会呈指数级膨胀（关于变元个数n），从而导致运算效率低下。有效避免中间表达式膨胀的算法包括Brown给出的稠密模最大公因式算法、Wang提出的EEZ－GCD算法、Zippel的稀疏模算法、Char给出的启发式最大公因式算法、Kaltofen和Trager提出的黑盒算法等。

最大公因式计算算法的研究不仅推动了符号计算的发展，而且在实际应用中也扮演着重要角色，如线性系统、控制论、图像复原、信道识别等。我们知道，绝大多数的信号和系统都具有稀疏的表示形式，即大部分的系数均为零，这就导致了近年来压缩感知技术（CS）的快速发展。Wan zhiqiu给出了稀疏最大公因式在信道识别中的应用，通信信道的转换函数首先表现为由信道输出的协方差矩阵定义的一组多项式的最大公因式。事实证明，通信信道具有极大的稀疏性，特别是在高清电视（HDTV）中；在宽带无线通信中，丘陵地带构成了稀疏的多条分布式路径；水声信道也表现出极大的稀疏性。在图像复原技术中，在z域上的理想图像被认为是被损坏的图像和复原图像的最大公因式，许多图像在空间或转换空间上也展示出了稀疏性。例如，Wan zhiqiu 的文章中指出的磁共振影像在像素表示上有极大的冗余。此外，分子影像和声学影像中也具有天然的稀疏性。因此，针对稀疏最大公因式问题，研究快速求解的计算算法对符号计算的发展和实际应用都是非常必要的。目前，专门针对稀疏最大公因式的研究还比较少，解决最大公因式计算的一般方法在遇到稀疏最大公因式时效率不高，其主要原因是没有考虑稀疏最大公因式的结构。

用于代数计算的模方法，比如模最大公因式算法，在变元个数较少的情况下是非常有效的，但是由于算法需要的赋值次数与变元个数呈指数关系，所以当变元个数较多时，效率极低。Hensel 引理成功应用于稀疏问题的求解，但为了避免“坏零点”问题，需要做线性替换，从而导致逆问题的规模比原问题大得多。针对稀疏多项式（包括最大公因式、因式分解等）问题，Zippel 首次提出使用基于稀疏插值的概率性算法，理想的运行时间是项数的多项式函数，能有效地避免模最大公因式算法和 Hensel 引理的指数复杂度行为。目前主流的计算机代数系统中，计算整系数多元多项式最大公因式的内置函数大多使用 Zippel 的稀疏模最大公因式算法，比如 Maple 、Magma 和 Mathematica。Zippel 给出的是一种概率性的稀疏插值算法，一次对一个变元进行插值，所需的插值点个数为 $O(ndt)$，其中 n 为变元个数，d 为变元的次数上界，t 为多项式项数。然而，Zippel 算法在主变元非首一的情况下，效率较低。其他稀疏插值算法有 Ben - Or 和 Tiwari 给出的确定性稀疏插值算法，插值点个数为 $O(t)$，Murao 和 Fujise 给出的 Ben - Or/Tiwari 算法的改进版本，插值点个数为 $O(t)$。

稀疏插值被广泛应用在工程领域，也被应用在数值领域，比如指数分析、广义特征值、符号计算、正交多项式、信号处理、矩量、有理近似等方面。一个典型的例子是：对于目标函数 $f(x)=\alpha_1+\alpha_2x^{100}$，传统的插值方法需要 101 个插值点，而稀疏插值仅需要 4 个插值点。用很少的插值点恢复目标函数是稀疏插值的重要特性。针对稀疏最大公因式问题，插值方法有着一般符号计算方法不可比拟的优势。

在使用稀疏（多元多项式）插值计算最大公因式的方法中，有两个关键步骤：一是将多项式 A 和 B 映射为单变元多项式；二是插值算法的选择。因此，基于稀疏插值完成最大公因式计算的方法，一是要提高赋值运算的效率，二是要提高插值算法的效率。

在大部分最大公因式问题中，多项式 A 和 B 的最大公因式 G 的项数要远远小于多项式 A 和 B 的项数，因此基于插值的稀疏最大公因式计算方法大部分耗时在对多项式 A 和 B 的赋值操作上，而在插值操作上耗时相对较少，因为插值算法的时间复杂度主要依赖于 G 的规模而非 A 和 B。长期以来，最大公因式计算研究的关注点都集中在第二个关键步骤上，即如何提高插值算法效率和减少插值点的个数，忽略了第一个映射操作。较新的针对这一问题的研究有 Hoeven 和 Lecerf 提出的用于稀疏多元多项式的渐近快速算法，Monagan 和 Wong 提出的稀疏多项式的快速并行多点赋值算法。

在第二个关键步骤中，插值算法不仅决定系数多项式的恢复效率，也决定第一个关键步骤中所需的单变元最大公因式像的个数，因此选择所需插值点较少的算法，对于提高最大公因式算法的效率也有重要作用。Ben - Or 和 Tiwari 证明：对于多元多项式插值问题，所需插值点个数不会少于 $2t$，其中 t 为多元多项式的项数。选择此类插值算法可使插值点个数降到最低。近年来，支丽红和 Kaltofen 等学者在计算稀疏性及数值稀疏插值所需的最少插值点的估计上进行了相关研究；Arnold 和 Giesbrecht 等学者给出了快速多元多项式稀疏插值算法，适用于变元个数较多的情形；Huang 给出了求解多元多项式稀疏插值问题的各种算法。这些研究为使用稀疏插值技术求解最大公因式问题提供了多种可供选择的方法。

符号计算的方法实现，很多都需要并行化来提高计算的可行性和效率。符号计算的并行化方法的研究，已有一系列的成果，早期有 Paul S. Wang 关于多项式因式分解在分布式和并行计算环境下的实现方法，近期有林东岱对多项式最大公因式和吴方法的并行实现，Yosuke Sato 和 Shutaro Inoue 等关于 Groebner 基的并行计算研究，Marc M. Maza 和 Yuzhen Xie 关于多项式组三角化的并行计算研究，陈良育和曾振柄关于符号矩阵行列式的并行计算研究。这些成果形成了符号计算核心工具的并行化基础。以前，符号计算的并行化大多限于在大中型的并行环境中实现，随着计算机硬件技术的迅速提升和网络技术的发展，使得有条件在较小实验室开展并行计算。这方面的研究和发展，使得以往众多难以实现的符号计算成为可能，也使得进一步提高符号计算的效率具备可行性。

目前，将并行技术应用于插值算法和最大公因式计算的研究还比较少。事实上，基于稀疏插值技术的最大公因式计算算法，在赋值操作、系数多项式恢复等方面均具有可并行的特性，使用并行计算可以极大地提高最大公因式的计算效率。相关研究有：Monagan 和 Javadi 给出的有限域上并行稀疏多项式插值算法，插值点个数为 $O(nt)$；Hu 和 Monagan 给出的并行稀疏多项式最大公因式算法。然而，他们的研究目标是整系数多元多项式的最大公因式计算，没有扩展到实系数，在映射操作上给出的仍是多元（双变元）多项式。

6.2 准备知识

6.2.1 整数最大公因数

最大公因数（greatest common divisor）是指两个整数共有因数中最大的一个。a，b 的最大公因数记为$(a，b)$，同样地，a，b，c 的最大公因数记为$(a，b，c)$，多个整数的最大公因数也有同样的记号。求最大公因数有多种方法，常见的有质因数分解法、辗转相除法。

【例 6-1】 求解 54 和 24 的最大公因数。

解　把 54 表示为不同正整数的乘积：

$$54=1\times54=2\times27=3\times18=6\times9$$

故 54 的正因数为

$$1,\ 2,\ 3,\ 6,\ 9,\ 18,\ 27,\ 54$$

同样地，24 可以表示为

$$24=1\times24=2\times12=3\times8=4\times6$$

故 24 的正因数为

$$1,\ 2,\ 3,\ 4,\ 6,\ 8,\ 12,\ 24$$

24，54 都有的正因数是 1，2，3，6，即为公因数，其中最大的公因数 6，即为最大公因数，记为(54，24)=6。

6.2.2　多项式最大公因式

定义 6.1　如果多项式 $d(x)$既是 $f(x)$的因式又是 $g(x)$的因式，那么$d(x)$就称为 $f(x)$与 $g(x)$的一个公因式。

定义 6.2　设 $f(x)$，$g(x)$是 $P[x]$中的两个多项式，$P[x]$ 中多项式 $d(x)$称为 $f(x)$，$g(x)$的一个最大公因式（记为 $d(x)=\gcd(f(x),\ g(x))$），如果它满足下面两个条件：

(1) $d(x)$是 $f(x)$，$g(x)$的公因式；

(2) $f(x)$，$g(x)$的公因式全是 $d(x)$的因式。

【例 6-2】 $f(x)=x^4+2x^3-x^2-4x-2$，$g(x)=x^4+x^3-x^2-2x-2$，求 $f(x)$ 和 $g(x)$ 的最大公因式。

解

	$g(x)$	$f(x)$	
$x+1=q_1(x)$	$x^4+x^3-x^2-2x-2$	$x^4+2x^3-x^2-4x-2$	$1=q_2(x)$
		$x^4+x^3-x^2-2x-2$	
	x^4-2x^2		$x=q_3(x)$
	x^3+x^2-2x-2	$r_1(x)=x^3-2x$	
	x^3-2x	x^3-2x	
	$r_2(x)=x^2-2$	0	

所以 $f(x)$ 和 $g(x)$ 的最大公因式为 $\gcd(f(x),\ g(x))=x^2-2$。

且由

$$\begin{cases} f(x)=g(x)+r_1(x) \\ g(x)=(x+1)r_1(x)+r_2(x) \end{cases}$$

得

$$x^2-2=-(x+1)f(x)+(x+2)g(x)$$

6.3 求解最大公因式的经典方法

多项式最大公因式的计算是计算机代数中最基本的问题之一。在符号计算中，要涉及最大公因式的计算。例如，在因式分解或积分等计算中都是以最大公因式计算作为子算法，因此设计最大公因式计算的有效算法，对提高符号计算的效率十分有意义。本节介绍求解最大公因式问题的经典方法：Euclid 方法、子结式多项式余式序列方法、模方法。

6.3.1 Euclid 方法

先考虑利用 Euclid 方法求解一元多项式最大公因式问题。在计算机代数中，所有的计算都是精确的，而有理系数的多项式问题与整系数的多项式问题可以相互转换，因此我们只讨论整系数多项式问题。

设 κ 为域，则 $\kappa[x]$为 Euclid 整环。对任何 A，$B\in\kappa[x]$，$B\neq 0$，由带余除法，存在唯一的 Q，$R\in\kappa[x]$，使得

$$A=QB+R$$

其中，$\deg R<\deg B$ 或 $R=0$。记余式与商为

$$R=\text{Rem}\ (A,\ B),\ Q=\text{Quo}\ (A,\ B)$$

对多元多项式的最大公因式计算问题，Euclid 方法仍是有效的。

算法 6.1 Euclid 方法

输入：多元多项式 A，B。

输出：A，B 的最大公因式。

```
U=gcd(A,B);
R:=B;
U:=A;
V:=B;
while R≠0 do
R:rem(U,V);
```

```
U:=V;
V:=R;
```

【例 6－3】 设

$$A=x^8+x^6-3x^4-3x^3+8x^2+2x-5$$
$$B=3x^6+5x^4-4x^2-9x+21$$

求它们的最大公因式。

解 按 Euclid 方法，得如下序列：

$$-\frac{5}{9}x^4+\frac{1}{9}x^2-\frac{1}{3}$$
$$-\frac{117}{25}x^2-9x+\frac{441}{25}$$
$$\frac{233\ 150}{19\ 733}x-\frac{102\ 500}{2\ 195}$$
$$-\frac{1\ 288\ 744\ 821}{543\ 589\ 225}$$

因为余式序列的最后一个是非零常数，故 gcd $(A, B)=1$。

再考虑用 Euclid 方法求解多元多项式最大公因式问题。

设 A，$B\in Z[x_1, \cdots, x_r]$，令 $R\in Z[x_1, \cdots, x_{r-1}]$，则 A，B 可视作系数 R 中的关于未定元的一元多项式，即 A，$B\in R[x_r]$，则称 $[x_r]$ 为主未定元，这时一元多项式最大公因式计算方法可以推广到多元多项式的情形。利用多项式本原部分和容度的概念，令 $\mathrm{cont}(A, r)$，$\mathrm{pp}(A, r)$分别为视 A 为 $R[x_r]$ 中元素时 A 的本原部分和容度，$\mathrm{GCD}(A, B, x_r)$为 A，B 在 $R[x_r]$ 中的公因式，则由 Gauss 引理有

$$\begin{aligned}\mathrm{GCD}(A, B)&=\mathrm{cont}(\mathrm{GCD}(A, B, x_r))\mathrm{pp}(\mathrm{GCD}(A, B, x_r))\\&=\mathrm{GCD}(\mathrm{cont}(A, r), \mathrm{cont}(B, r))\times\mathrm{GCD}(\mathrm{pp}(A, r), \mathrm{pp}(B, r))\end{aligned}$$

此时 $\mathrm{pp}(A, r)$，$\mathrm{pp}(B, r)$ 为关于未定元 x_r 的一元多项式，可以用已知方法，如 Euclid 方法，求其最大公因式。而 $\mathrm{cont}(A, r)$，$\mathrm{cont}(B, r)$ 均为 $r-1$ 元多项式，这样就把 r 元问题归为 $r-1$ 元问题，从而可递归地求得多元多项式的最大公因式。

算法 6.2 多元多项式最大公因式问题的 Euclid 递归算法

输入：多元多项式 A，B；变元个数 r。

输出：A，B 的最大公因式。

```
Acont:=cont(A,r);
Acont:=A/Acont;
Bcont:=cont(B,r);
```

```
    Bpp := B/Bcont;
  return pp(Euclid(App,Bpp,r),xr) × GCD(Acont,Bcont,r-1);
```

算法中，GCD(A，B，r)表示求 r 元问题的最大公因式；Euclid(A_{pp}，B_{pp}，r) 表示视 A_{pp}，B_{pp}为 $R[x]$ 上的多元多项式，并用 Euclid 方法求其最大公因式。

6.3.2 子结式多项式余式序列方法

结式在计算机代数中既有理论应用又有实际应用，现代计算机代数中的许多算法都要用到结式计算。而与之相关的子结式链则具有非常特殊的结构，可以用来构造优化的多项式余式序列。这样的余式序列能有效地给出两个多项式最大公因式的计算过程。利用消元法，将各关系式中的元素通过有限次变换，消去其中的某些元素，从而使问题得到解决。

定义 6.3 设 R 为环，A，$B \in R[x]$，$\deg A \geqslant \deg B$，则 A，B 的多项式余式序列是满足下列条件的多项式序列 R_0，R_1，…，R_k：

(1) $R_0 = A$，$R_1 = B$；

(2) $\alpha_i R_{i-1} = Q_i R_i + \beta_i R_{i+1}$，其中 α_i，$\beta_i \in R$；

(3) $\mathrm{prem}(R_{k-1}, R_k) = 0$。

如果 A，B 都是本原多项式，则 $\mathrm{pp}(R_k) = (A, B)$。在以上定义中，$\alpha_i$的选取应该满足

$$\alpha_i R_{i-1} = Q_i R_i + R$$

且 $\deg R < \deg R_i$或$R = 0$ 的 $R_i \in R[x]$ 存在，而 β_i则应选取为使R 的系数尽可能"大"的公因式。

当R 为域时，若取 $\alpha_i = \beta_i = 1$，则$\{R_i\}$为 Euclid 方法所得的多项式序列。但是当R 为环时，就难以再取 $\alpha_i = \beta_i = 1$，这时未必存在这样的 $R_i \in R[x]$。

记 $\delta_i = \deg(R_{i-1}) - \deg(R_i)$，如果取

$$\alpha_i = (\mathrm{lc}(R_i)^{\delta_i + 1}),\ \beta_i = \mathrm{cont}(\mathrm{prem}\ (R_{i-1},\ R_i))$$

这样计算的结果虽然系数膨胀得最慢，但每步都要计算一个多项式的容度，计算量较大。如果放宽对系数膨张的控制，减少计算量，可取

$$\alpha_i = (\mathrm{lc}(R_i)^{\delta_i + 1}),\ \beta_1 = (-1)^{\delta_1 + 1}$$
$$\beta_i = -(\mathrm{lc}(R_{i-1}))\psi_i^{\delta_i},\ 2 \leqslant i \leqslant k,\ \psi_1 = -1$$
$$\psi_i = (-(\mathrm{lc}(R_{i-1}))^{\delta_{i-1}}\psi_{i-1}{}^{1-\delta_{i-1}},\ 2 \leqslant i \leqslant k$$

所得的多项式序列称为 A，B 的子结式多项式余式序列。

【例 6－4】 设

$$A=x^8+x^6-3x^4-3x^3+8x^2+2x-5$$
$$B=3x^6+5x^4-4x^2-9x+21$$

用子结式多项式余式序列方法求它们的最大公因式。

解 取 $R_0=A$，$R_1=B$，按上述公式可算得

$$\delta_1=2，\alpha_1=27，\beta_1=-1$$
$$R_2=15x^4-3x^2+9$$
$$\delta_2=2，\psi_2=-9，\alpha_2=3\ 375，\beta_2=-243$$
$$R_3=65x^2+125x-245$$

如此下去，最后得

$$R_4=9\ 326x-12\ 300，R_5=260\ 708$$

【例 6－5】 在上文中，若取

$$\alpha_i=(\mathrm{lc}(R_i))^{\delta_i+1}$$
$$\beta_i=\alpha_{i-1}，2\leqslant i\leqslant k，\beta_1=1$$

则所得的多项式余式序列称为约化多项式余式序列。对于多项式

$$A=x^8+x^6-3x^4-3x^3+8x^2+2x-5$$
$$B=3x^6+5x^4-4x^2-9x+21$$

其约化多项式余式序列是

$$R_2=-15x^4+3x^2-9$$
$$R_3=585x^2+1\ 125x-2\ 205$$
$$R_4=-18\ 885\ 150x+249\ 07\ 500$$
$$R_5=527\ 933\ 700$$

在上文中，α_i 和 β_i 根据不同的定义，给出了不同的多项式余式序列。注意到例 6－4 和例 6－5 这两个例子中，α_i 的取法是一模一样的，实质上它们都是基于对伪余的改造而得到的，不仅注重对系数膨胀的控制，还注重对计算量的控制。作为计算最大公因式的算法，子结式多项式余式序列方法是这一类方法中最好的，其特点为：计算量较小；序列中的每个多项式都是整系数；系数的（位数）长度增长是线性的。

6.3.3 模方法

利用子结式多项式余式序列方法求最大公因式仍然需要大整数计算，当所给多项式的次数较高时，计算过程中系数的膨胀问题就会更加突出。为了提高计算效率，避免大整数计算，必须寻找另外的方法。考虑多项式环的同态映射：

$$\Phi_p: \text{ii}[x] \rightarrow_p [x]$$
$$\sum_i a_i x^i \mapsto \sum_i \Phi_p(a_i) x^i$$

其中，p 为素数，$\Phi_p(a_i)$表示的模 p 同态像，即 $\Phi_p(a_i) \equiv a_i \bmod p$，$-p/2<\Phi_p(a_i)<p/2$。容易验证，如此定义的 Φ_p的确为环同态。下文中记 $\Phi_p(A)$ 为 A_p。

设给定 A，$P\in Z[x]$，若 $P|A$，则有 Q 使得 $A=QP$，从而其同态像满足

$$A_p=Q_pP_p$$

上述式子说明，若 P 是 A，B 的公因式，则 P_p相应地为 A_p，B_p的公因式。因此若 $D=\gcd(A, B)$，而且素数 p 使得 D 的系数小于或等于$|p/2|$，那么只要想方设法求出 A_p，B_p的最大公因式，则 $D=D_p=(A_p, B_p)$ 有可能成立，从而就可以求得 A 和 B 的最大公因式 D。而求 A_p，B_p的公因式时，系数可控制在绝对值小于 $p/2$ 的范围内。这种方法称为模方法。在讨论这个方法之前，先来看一个例子。

【例 6-6】 设

$$A=x^8+x^6-3x^4-3x^3+8x^2+2x-5$$
$$B=3x^6+5x^4-4x^2-9x+21$$

则模 5 的像为

$$A_5=x^8+x^6+2x^4+2x^3+x^2+2x$$
$$B_5=-2x^6+x^2+x+1$$

解 下面计算 A_5，B_5的公因式，注意计算是模 5 进行的。

$$A_5=2(x^2+1)B_5+2x^2-2$$
$$R_2=2(x^2-1)$$
$$B_5=(-x^4-x^2+2)R_2+x$$
$$R_3=x$$
$$R_2=2xR_3-2$$
$$R_4=-2$$

即$(A_5, B_5)=1$。因此若 P 为 A，B 的公因式，则 P 的同态像 P_5必整除$(A_5, B_5)=1$，由此可知 $P_5=1$。我们断言，A，B 的任何公因式都必为常数。不然，设整系数多项式 P 为 A，B 的公因式，则有 Q 使得 $B=PQ$。不妨设

$$P=\sum_{i=0}^{m} p_i x^i,\ Q=\sum_{i=0}^{n} q_i x^i,\ m,\ n\leqslant 6$$

其中，B 为本原多项式，由 Gauss 引理可知，P，Q 也都是本原的。又由前段分析

可知 $P_5=1$，故 $p_i=0 \bmod 5(i=1, \cdots, m)$。比较系数可知必有

$$-2 \equiv p_0 p_n \bmod 5$$

由此推得 $n=6$，$m=0$。这说明 P 为平凡因式，从而 A，B 的最大公因式为 1。

在一元多项式中采用模方法可以控制中间未定元的系数与次数的增长。在多元多项式情形下是否也可以应用模方法并具有相同的效果呢？回答是肯定的。下面来讨论这个问题。

设 A，B，$D \in Z[x_1, x_2, \cdots, x_r]$ 且 $D|A$，$D|B$，则有 P，$Q \in Z[x_1, x_2, \cdots, x_r]$，使得

$$A=DP, \quad B=DQ$$

记 $L_a^{(2)}=x_2-a$，$D_{L_a^{(2)}}$ 为未定元 x_2 用 a 替换所得的多项式，其他多项式定义类似。则有

$$A_{L_a^{(2)}}=D_{L_a^{(2)}} PL_{a}^{(2)}, \quad B_{L_a^{(2)}}=D_{L_a^{(2)}} QL_{a}^{(2)}$$

这表明 $D_{L_a^{(2)}}$ 仍为 $A_{L_a^{(2)}}$，$B_{L_a^{(2)}}$ 的公因式。

【例 6-7】 设

$$A=(y^2-y-1)x^2-(y^2-2)x+(y^2+y+1)$$
$$B=(y^2-y+1)x^2-(y^2+2)x+(y^2+y+2)$$

解 取 $L_2^{(y)}=y-2$，则

$$A_{L_2^{(y)}}=x^2-2x+7, \quad B_{L_2^{(y)}}=3x^2-6x+8$$

易算得 $B_{L_2^{(y)}}=2A_{L_2^{(y)}}-13$，即 $B_{L_2^{(y)}}$，$A_{L_2^{(y)}}$ 互素。设 D 为 A，B 的最大公因式，由此可推得 $D_{L_2^{(y)}}=1$。记 $\mathrm{lc}_x(D)$ 为 D 的关于 x 的一元多项式的领项系数，则 $\mathrm{lc}_x(D)$ 必同时整除 $\mathrm{lc}_x(A)$，$\mathrm{lc}_x(B)$，从而 $\mathrm{lc}_x(D) \mid \gcd(\mathrm{lc}_x(A), \mathrm{lc}_x(B))$。但 $\gcd(\mathrm{lc}_x(A), \mathrm{lc}_x(B))=(y^2-y-1, y^2-y+1)=1$，从而 $\mathrm{lc}_x(D)=1$。在将 2 赋予 y 以后，D 与 $D_{L_2^{(y)}}$ 关于 x 应具有相同的次数，由此推得 $D=1$。

6.3.4　小结

本节给出了计算多元多项式最大公因式的经典方法：子结式多项式余式序列方法、模方法、Euclid 方法。Euclid 方法是不实用的，在计算过程中，多项式的系数与非主定元的次数增长得都很快。模方法的基本思想是：递归地把 r 元问题化为 $r-1$元问题。这些符号计算方法在遇到规模较大的问题时，中间表达式的系数会呈指数级膨胀，从而使运算效率降低。

6.4 基于稀疏插值的多元多项式最大公因式计算方法

6.3节介绍了多元多项式最大公因式的经典计算方法：子结式多项式余式序列方法、模方法、Euclid方法，当这些符号计算方法遇到规模较大的问题时，中间表达式的系数会呈指数级膨胀，从而导致运算效率低下。本节采用稀疏插值（非符号计算方法）求解多元多项式最大公因式问题，并用Maple进行验证。

令 f，$g\in\kappa[x_1, \cdots, x_n]$ 是非零的多元多项式，其中 κ 是一个域。

$$q=q(x_1, \cdots, x_n)=\gcd(f, g)$$

q 是 f 和 g 的最大公因式。本节将讨论稀疏多元多项式最大公因式计算问题。

6.4.1 稀疏最大公因式插值算法

多元多项式稀疏最大公因式插值算法的思想是：在 f 和 g 中引入待定变量（齐次变元 z，构造辅助多项式 $f_h(x_1z, \cdots, x_nz)$ 和 $g_h(x_1z, \cdots, x_nz)$，根据选定的稀疏多元多项式插值算法生成插值点 $(\omega_1{}^{(i)}, \cdots, \omega_n{}^{(i)})(i=1, 2, \cdots)$，替换变元 $(x_1, \cdots, x_n)$，结合单变元最大公因式计算 $\gcd(f_h(\omega_1{}^{(i)}z, \cdots, \omega_n{}^{(i)}z), g_h(\omega_1{}^{(i)}z, \cdots, \omega_n{}^{(i)}z))(i=1, 2, \cdots)$，得到关于齐次变元 z 的单变元多项式

$$q_h{}^{(i)}(z)=q(\omega_1{}^{(i)}z, \cdots, \omega_n{}^{(i)}z), \quad i=1, 2, \cdots$$

然后利用稀疏多元多项式插值算法对 z 的系数多项式进行恢复和重构，q 是这些系数多项式的和。

通过计算关于齐次变元 z 的单变元最大公因式，保证 $c^{(i)}q(\omega_1^{(i)}z, \cdots, \omega_n^{(i)}z)$，$(c^{(i)}\neq 0)$ 的唯一性，假设 $q=\gcd(f, g)$ 有非零常数项，那么 q 可以通过乘以一个因子并使其常数项为1来正规化 q 的表达式。

1. 最大公因式常数项的判定

观察下面两个例子。

【例6-8】 令多项式 f 和 g 为

$$f=(x_1+x_2+1)(x_1{}^2+x_3), \quad g=(x_1+x_2+1)(x_2+x_3)$$

引入变元 z，构造辅助多项式 f_h，g_h

$$f_h=(x_1z+x_2z+1)(x_1{}^2z+x_3)z, \quad g_h=(x_1z+x_2z+1)(x_2+x_3)z$$

计算 f，g 及 f_h，g_h 的最大公因式，

$$\gcd(f, g)=x_1+x_2+1, \quad \gcd(f_h, g_h)=(x_1z+x_2z+1)z$$

【例 6-9】 令多项式 f 和 g 为

$$f=(x_1+x_2)x_3,\ g=(x_1+x_2)x_1$$

引入变元 z，构造辅助多项式 f_h，g_h

$$f_h=(x_1+x_2)x_3z^2,\ g_h=(x_1+x_2)x_1z^2$$

计算 f 和 g 及 f_h 和 g_h 的最大公因式

$$\gcd(f,g)=x_1+x_2,\ \gcd(f_h,g_h)=(x_1+x_2)z^2$$

在例 6-8 和例 6-9 中，$\gcd(f_h,g_h)$ 关于 z 的次数比 $\gcd(f,g)$ 的总次数高，那么将无法立即判定 q 是否包含非零常数项。注意到 q 的常数项可能是非零常数，如例 6-8；也可能为零，如例 6-9。通过观察和讨论，可以判断 q 是否包含非零常数项。

合并 f 和 g 的齐次项，令

$$f(x_1,\cdots,x_n)=A_\upsilon(x_1,\cdots,x_n)+A_{\upsilon-1}(x_1,\cdots,x_n)+\cdots+A_{l_1}(x_1,\cdots,x_n) \tag{6-1}$$

$$g(x_1,\cdots,x_n)=B_\delta(x_1,\cdots,x_n)+B_{\delta-1}(x_1,\cdots,x_n)+\cdots+B_{l_2}(x_1,\cdots,x_n) \tag{6-2}$$

f 和 g 的最大公因子为

$$q(x_1,\cdots,x_n)=C_\mu(x_1,\cdots,x_n)+C_{\mu-1}(x_1,\cdots,x_n)+\cdots+C_{l_3}(x_1,\cdots,x_n)$$

其中 A_i，B_j，$C_k\in\kappa[x_1,\cdots,x_n]$ 是次数分别为 i，j 和 k 的齐次多项式，其中

$$\nu\geqslant i\geqslant l_1>0,\ \delta\geqslant j\geqslant l_2>0,\ \mu\geqslant k\geqslant l_3>0$$

当式（6-1）和式（6-2）中的多项式 f 和 g 引入变元 z 后，可视为关于 z 的单变元多项式，合并同类项后

$$f_h=A_\nu(x_1,\cdots,x_n)z^\nu+A_{\nu-1}(x_1,\cdots,x_n)z^{\nu-1}+\cdots+A_{e_1}(x_1,\cdots,x_n)z^{l_1}$$
$$g_h=B_\delta(x_1,\cdots,x_n)z^\delta+B_{\delta-1}(x_1,\cdots,x_n)z^{\delta-1}+\cdots+B_{e_2}(x_1,\cdots,x_n)z^{l_2}$$

计算 f_h 和 g_h 的最大公因式，可得

$$\begin{aligned}\gcd(f_h,g_h)=&C_\mu(x_1,\cdots,x_n)z^{\mu+\tau}+C_{\mu-1}(x_1,\cdots,x_n)z^{\mu-1+\tau}\\&+\cdots+C_{l_3}(x_1,\cdots,x_n)z^{l_3+\tau},\ \tau\geqslant 0\end{aligned}$$

其中，C_{l_3}，…，C_μ 分别表示 f 和 g 的最大公因式 q 中的各个齐次多项式，将它们收集起来即可还原 q。

$$q(x_1, \cdots, x_n)=\sum_{k=l_1}^{\mu} C_k(x_1, \cdots, x_n)$$

利用概率技术，随机选取一个点（ω_1，…，ω_n），对辅助多项式 f_h 和 g_h 运用单变元最大公因式方法计算，得到关于变元 z 的单变元多项式：

$$\begin{aligned}&\gcd(f_h(z, \omega_1, \cdots, \omega_n), g_h(z, \omega_1, \cdots, \omega_n))\\&=C_\mu(\omega_1, \cdots, \omega_n)z^{\mu+\tau}+C_{\mu-1}(\omega_1, \cdots, \omega_n)z^{\mu-1+\tau}+\cdots+C_{l_3}(\omega_1, \cdots, \omega_n)z^{l_3+\tau}\end{aligned} \quad (6-3)$$

容易知道 $C_k(\omega_1, \cdots, \omega_n)$ 是否为零和 $k+\tau$ 的值，却没办法得到 C_k 的总次数 k，其中 $k=l_3$，l_3+1，…，μ。

下面利用构造辅助函数的方法处理非正规化的情形。随机选择点（σ_1，…，σ_n），定义多项式 f 和 g 的转换齐次多项式 $\hat{f}_h$ 和 $\hat{g}_h$，

$$\hat{f}_h=f(x_1z+\sigma_1, \cdots, x_nz+\sigma_n)$$

$$\hat{g}_h=g(x_1z+\sigma_1, \cdots, x_nz+\sigma_n)$$

令 $\hat{f}_h$ 和 $\hat{g}_h$ 的表达式为

$$\hat{f}_h(z, x_1, \cdots, x_n)=\hat{A}_\nu(x_1, \cdots, x_n)z^\nu+\cdots+\hat{A}_1(x_1, \cdots, x_n)z+\hat{A}_0(x_1, \cdots, x_n)$$

$$\hat{g}_h(z, x_1, \cdots, x_n)=\hat{B}_\delta(x_1, \cdots, x_n)z^\delta+\cdots+\hat{B}_1(x_1, \cdots, x_n)z+\hat{B}_0(x_1, \cdots, x_n)$$

其中，$\hat{A}_i$ 的次数为 i，$\hat{B}_j$ 的次数为 j，它们都是齐次多项式。那么容易得到 $f(\sigma_1, \cdots, \sigma_n)g(\sigma_1, \cdots, \sigma_n)\neq 0$ 是高概率的，所以 $\hat{A}_0$，$\hat{B}_0\in\kappa\setminus\{0\}$ 一样是高概率的。注意到

$$\deg(\gcd(\hat{f}_h, \hat{g}_h))=\deg(\gcd(f, g))$$

令 $\hat{q}_h$ 为辅助齐次多项式 $\hat{f}_h$，$\hat{g}_h$ 的最大公因式，那么 $\hat{q}_h=\gcd(\hat{f}_h, \hat{g}_h)$ 有如下形式。

$$\hat{q}_h=\hat{C}_\mu(x_1, \cdots, x_n)z^\mu+\cdots+\hat{C}_1(x_1, \cdots, x_n)z+1 \quad (6-4)$$

在式(6-4)中，$\hat{C}_1(x_1, \cdots, x_n)$，…，$\hat{C}_\mu(x_1, \cdots, x_n)$ 是次数为 $\deg(\hat{C}_k)=k(1\leqslant k\leqslant\mu)$ 的齐次多项式。再观察 $\hat{C}_\mu(x_1, \cdots, x_n)$ 和 $C_\mu(x_1, \cdots, x_n)$，得知

$$\hat{C}_\mu=cC_\mu, \ c\in\kappa\setminus\{0\}$$

根据式（6-4），同样利用概率技术，选择随机点（ω_1，…，ω_n），计算

$$\gcd(\hat{f}_h(z, \omega_1, \cdots, \omega_n), \hat{g}_h(z, \omega_1, \cdots, \omega_n)) \quad (6-5)$$

希望得到的 μ 就是式(6-5)中 z 的最高次数。再根据式(6-3)，可得 τ 的值。

算法 6.3　最大公因式常数项是否为零判定算法

输入

f，g：关于变元（x_1，…，x_n）的多元多项式。

输出

确定(f，g) 的常数项是否为零，选择利用哪种最大公因式稀疏插值算法。

步骤

① 引入变元 z，构造辅助多项式 $\hat{f}_h$，$\hat{g}_h$，

$$f_h=f_h(x_1z,\ x_2z,\ \cdots,\ x_nz),\ g_h=g_h(x_1z,\ x_2z,\ \cdots,\ x_nz)$$

② 选择随机点计算，记

$$q_h(z,\ \omega)=C_\mu(\omega)z^{\mu+\tau}+C_{j_t}(\omega)z^{j_t+\tau}+\cdots+C_{j_1}(\omega)z^{j_1+\tau}+C_{l_3}(\omega)z^{l_3+\tau} \tag{6-6}$$

③ 如果 $l_3=0$，$\tau=0$，则采用正规化方法完成各个系数多项式 C_μ，C_{j_t}，…，C_{j_1} 的插值。否则，随机选择点 $\sigma=(\sigma_1,\ \cdots,\ \sigma_n)$ 构造齐次多项式 $\hat{f}_h$，$\hat{g}_h$，

$$\hat{f}_h=f(x_1z+\sigma_1,\ \cdots,\ x_nz+\sigma_n),\ \hat{g}_h=g(x_1z+\sigma_1,\ \cdots,\ x_nz+\sigma_n)$$

④ 计算 $\hat{f}_h(z,\ \omega)$和 $\hat{g}_h(z,\ \omega)$关于 z 的单变元最大公因式$\hat{q}_h(z,\ \omega)$，记

$$\hat{q}_h(z,\ \omega)=\hat{C}_\mu(\omega)z^\mu+\cdots+\hat{C}_1(\omega)z+1 \tag{6-7}$$

比较式（6-6）和式（6-7），若 $\tau\neq0$ 而 $l_3=0$，则采用正规化方法完成 q_h 的各个系数多项式的插值；否则采用一般化的方法完成。

算法 6.3 给出了最大公因式常数项是否为零的判定算法，并根据该算法得到的判定结果确定是采用正规化方法（参见算法 6.4）还是一般化方法（参见算法 6.5）进行插值。

【例 6-10】　令多项式 f 和 g 为

$$f=x_1^2x_3+x_1^3+3x_1^2x_2+x_3+x_1+3x_2$$
$$g=x_1^2x_3+x_1^2x_2+x_3+x_2$$

引入变元 z，构造辅助多项式 $\hat{f}_h$，$\hat{g}_h$

$$\begin{aligned}f_h&=f_h(z,\ x_1,\ x_2,\ x_3)=f_h(x_1z,\ x_2z,\ x_3z)\\&=(x_1{}^2x_3+x_1{}^3+3x_1{}^2x_2)z^3+(x_3+x_1+3x_2)z\\g_h&=g_h(z,\ x_1,\ x_2,\ x_3)=g_h(x_1z,\ x_2z,\ x_3z)\\&=(x_1{}^2x_3+x_1{}^2x_2)z^3+(x_3+x_2)z\end{aligned}$$

随机选择点(σ_1，σ_2，σ_3)=(1，2，3)，构造辅助函数 $\hat{f}_h$，$\hat{g}_h$，

$$\hat{f}_h = f(x_1 z+\sigma_1, x_2 z+\sigma_2, x_3 z+\sigma_3) = f(x_1 z+1, x_2 z+2, x_3 z+3)$$
$$= (x_1^2 x_3 + x_1^3 + 3x_1^2 x_2)z^3 + (2x_3 x_1 + 12x_1^2 + 6x_1 x_2)z^2 + (6x_2 + 2x_3 + 22x_1)z + 20$$
$$\hat{g}_h = g(x_1 z+\sigma_1, x_2 z+\sigma_2, x_3 z+\sigma_3) = g(x_1 z+1, x_2 z+2, x_3 z+3)$$
$$= (x_1^2 x_3 + x_1^2 x_2)z^3 + (2x_3 x_1 + 5x_1^2 + 2x_1 x_2)z^2 + (2x_2 + 3x_3 + 10x_1)z + 10$$

随机选择点 $(\omega_1, \omega_2, \omega_3)=(1, 1, 1)$，计算 $f_h(z, \omega_1, \omega_2, \omega_3)$ 和 $g_h(z, \omega_1, \omega_2, \omega_3)$ 的最大公因式：

$$q_h(z, \omega_1, \omega_2, \omega_3) = q_h(z, 1, 1, 1) = z^3 + z$$

计算 $\hat{f}_h(z, \omega_1, \omega_2, \omega_3)$和 $\hat{g}_h(z, \omega_1, \omega_2, \omega_3)$的最大公因式：

$$\hat{q}_h(z, \omega_1, \omega_2, \omega_3) = \hat{q}_h(z, 1, 1, 1) = z^2 + 2z + 2$$

根据多项式 $\hat{q}_h(z, \omega_1, \omega_2, \omega_3)$ 中变元 z 的最高次数，可知 f，g 的最大公因式 q 的最高幂次 $\mu=2$ 比 q_h 高出 $\tau=1$。

从例 6 - 10 可以看出，一方面，引入辅助函数后，$\hat{q}_h$ 并不能反映 gcd (f, g) 的稀疏结构；另一方面，$q_h(z, \omega_1, \omega_2, \omega_3)/z^{\tau}$ 后，最后一项是常数项，由此可以判定 f，g 的最大公因式的常数项是非零数。采用下文中给出的正规化方法插值恢复 $q=\gcd(f, g)$。

2. 正规化的最大公因式稀疏插值算法

给定两个多元多项式

$$f(x_1, \cdots, x_n) = a_s x_1^{d_{s,1}} \cdots x_n^{d_{s,n}} + \cdots + a_1 x_1^{d_{1,1}} + \cdots + x_n^{d_{1,n}} + a_0$$
$$g(x_1, \cdots, x_n) = b_e x_1^{r_{1,1}} \cdots x_n^{r_{e,n}} + \cdots + b_1 x_1^{r_{1,1}} + \cdots + x_n^{r_{1,n}} + b_0 \tag{6-8}$$

其中，$a_1, \cdots, a_s, b_1, \cdots, b_e \in \kappa \backslash \{0\}$，且 a_0 和 b_0 中至少有一个是非零的，则可以得到 f 和 g 的最大公因式的常数项是非零数。因此，可将最大公因式正规化，使其常数项为 1 以下。将 f 和 g 的最大公因式记为 $q(x_1, \cdots, x_n)$。

引入变量 z（z 为新未定元），构造多项式 f_h，g_h：

$$\begin{aligned} f_h(z, x_1, \cdots, x_n) &= f(x_1 z, \cdots, x_n z) \\ &= A_{\upsilon}(x_1, \cdots, x_n) \cdot z^{\upsilon} + \cdots + \\ &\quad A_1(x_1, \cdots, x_n) \cdot z + A_0(x_1, \cdots, x_n) \cdot z^0 \\ g_h(z, x_1, \cdots, x_n) &= f(x_1 z, \cdots, x_n z) \\ &= B_{\delta}(x_1, \cdots, x_n) \cdot z^{\delta} + \cdots + \\ &\quad B_1(x_1, \cdots, x_n) \cdot z + B_0(x_1, \cdots, x_n) \cdot z^0 \end{aligned}$$

其中

$$A_i(x_1, \cdots, x_n)=\sum_{d_{k,1}+\cdots+d_{k,n}=i} a_k x_1^{d_{k,1}}\cdots x_n^{d_{k,n}},\ 0\leqslant i\leqslant \upsilon$$

$$B_j(x_1, \cdots, x_n)=\sum_{r_{k,1}+\cdots+r_{k,n}=j} b_k x_1^{r_{k,1}}\cdots x_n^{r_{k,n}},\ 0\leqslant j\leqslant \delta$$

视多项式 f_h 和 g_h 为关于齐次变元 z 的单变元多项式，系数多项式取自 $\kappa[x_1, \cdots, x_n]$，那么 f_h，g_h 关于变元 z 的次数分别是 υ 和 δ。很显然，υ 和 δ 也分别是式（6－8)中 f 和 g 的总次数。将 f_h 和 g_h 中的系数多项式 A_i 和 B_j 汇总，有

$$f(x_1, \cdots, x_n)=\sum_{i=0}^{\upsilon} A_i(x_1, \cdots, x_n)$$

$$g(x_1, \cdots, x_n)=\sum_{j=0}^{\delta} B_j(x_1, \cdots, x_n)$$

使 $q_h(z, x_1, \cdots, x_n)=(f_h, g_h)$，让常数项规范化为 1，记

$$q_h(z, x_1, \cdots, x_n)=C_\mu(x_1, \cdots, x_n)\cdot z^\mu+\cdots+C_1(x_1, \cdots, x_n)\cdot z+1$$

其中

$$C_i(x_1, \cdots, x_n)=\sum_{c_{k,1}+\cdots+c_{k,n}=i} c_k x_1^{c_{k,1}}\cdots x_n^{c_{k,n}},\ 1\leqslant i\leqslant \mu$$

那么 $q=\gcd(f, g)$ 可以表示为

$$q(x_1, \cdots, x_n)=\sum_{k=1}^{\mu} C_k(x_1, \cdots, x_n)+1$$

其中，μ 是 q 的总次数。

注意，对给定点（$\omega_1, \cdots, \omega_n$），单变元最大公因式计算能产生单变元多项式

$$\begin{aligned}&\gcd(f_h(z, \omega_1, \cdots, \omega_n), g_h(z, \omega_1, \cdots, \omega_n))\\&=C_\mu(\omega_1, \cdots, \omega_n)\cdot z^\mu+\cdots+C_1(\omega_1, \cdots, \omega_n)\cdot z+1\end{aligned}$$

因为常数项固定为 1，所以 $C_1(\omega_1, \cdots, \omega_n)$，…，$C_\mu(\omega_1, \cdots, \omega_n)$是唯一的。一旦选定一个随机点$(\omega_1, \cdots, \omega_n)$，通过计算 $\gcd(f_h(z, \omega_1, \cdots, \omega_n), g_h(z, \omega_1, \cdots, \omega_n))$，可同时获得系数多项式 C_1，…，C_μ 在给定点（$\omega_1, \cdots, \omega_n$）处的赋值。这一过程可视为多元多项式的并行黑盒，如图 6－1 所示。所以，在采用多元多项式插值算法时，系数多项式 $C_1(x_1, \cdots, x_n)$，…，$C_\mu(x_1, \cdots, x_n)$ 可以被并行插值。

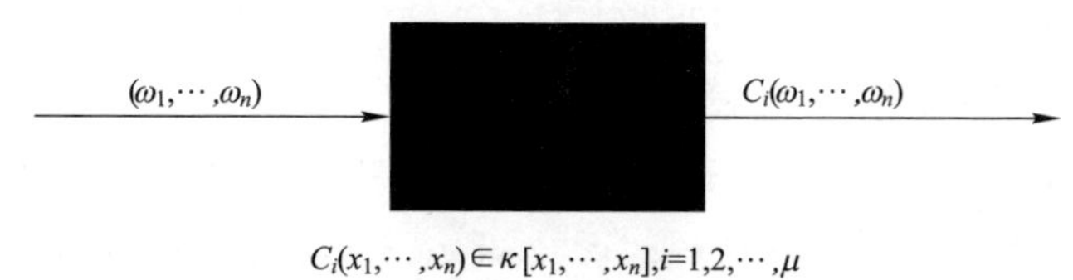

图 6－1　gcd（f，g）赋值黑盒

注意 $q=\gcd(f, g)$ 并不假定是稀疏的，所以也不是所有的点 $C_i(1\leqslant i\leqslant \mu)$ 都需要插值。那么需要做的是：首先要找到 q 的稀疏结构。

下面给出正规化稀疏插值算法。

算法 6.4 最大公因式稀疏插值算法（正规化）

输入

$f(x_1, \cdots, x_n)$，$g(x_1, \cdots, x_n)$：两个非零的多项式。

输出

$C_\mu(x_1, \cdots, x_n)$，$C_{\mu-1}(x_1, \cdots, x_n)$，…，$C_1(x_1, \cdots, x_n)$：$q$ 的齐次多项式。

步骤

① 引入变元 z，构造 f 和 g 的辅助多项式：$f_h=f(x_1z, \cdots, x_nz)$，$g_h=g(x_1z, \cdots, x_nz)$。

② 单变元最大公因式计算。根据选定的稀疏多元多项式插值算法确定插值点 $\omega^{(i)}=(\omega_1{}^{(i)}, \cdots, \omega_n{}^{(i)})(i=1, 2, \cdots)$。计算 $f_h(z, \omega^{(i)})$ 和 $g_h(z, \omega^{(i)})$ 关于变元 z 的单变元最大公因式 $q_h(z, \omega^{(i)})$，让 q_h 的常数项为 1，记

$$q_h(z, \omega^{(i)})=C_\mu(\omega^{(i)})z^\mu+C_{\mu-1}(\omega^{(i)})z^{\mu-1}+\cdots+C_1(\omega^{(i)})z+1 \tag{6-9}$$

③ 稀疏多元多项式插值。由式（6-9）可得赋值

$$C_\mu(\omega^{(i)}), C_{\mu-1}(\omega^{(i)}), \cdots, C_1(\omega^{(i)}), i=1, 2, \cdots$$

④ 逐步增加插值点数量，直到恢复完整 q_h 的所有系数多项式 C_μ，$C_{\mu-1}$，…，C_1。

具体来说，对随机点（$\omega_1, \cdots, \omega_n$），计算 C_1，…，C_μ 在这个点上的赋值，如果 $C_i(\omega_1, \cdots, \omega_n)\neq 0$，那么认为 $C_i\neq 0$；否则 $C_j(\omega_1, \cdots, \omega_n)=0$，则认为 $C_j=0$。按这种方式，如果 C_{i_1}，C_{i_2}，…，C_{i_l} 为非零齐次项，则下列式子成立

$$q=C_{i_l}(x_1, \cdots x_n)+\cdots+C_{i_1}(x_1, \cdots x_n)+1$$

其中，C_{i_1}，C_{i_2}，…，C_{i_l} 的次数是 i_1，i_2，…，i_l，并且 $i_l>\cdots>i_2>i_1>0$。接下来按顺序对多项式 C_{i_1}，…，C_{i_l} 进行插值。

【例 6-11】 令多项式

$$\begin{aligned}f=&x_1^5+2x_2x_3x_1^4+(13x_2x_3^2-21x_2^2x_3+3)x_1^3+(26x_2^2x_3^3-42x_2^4x_3{}^2+2)x_1^2+\\&(39x_2x_3^2-63x_2^3x_3+4x_2x_3)x_1+6\\g=&x_1^6+(13x_2x_3^2-21x_2^3x_3+x_3+x_2)x_1{}^4+3x_1^3(13x_2^2x_3^3+13x_2^2x_3^2-21x_2^3x_3^2-21x_2^4x_3)x_1^2+\\&(13x_2x_3^2-21x_2^3x_3+2x_3+2x_2)x_1+2\end{aligned}$$

引入变元 z，构造辅助多项式 f_h，g_h

$$\begin{aligned}f_h=&-42x_1^2x_2^4x_3^2z^8+(-21x_1^3x_2^3x_3+26x_1^2x_2^2x_3^3)z^7+(2x_1^4x_2x_3+13x_1^3x_2x_3^2+3)z^6+\\&(x_1^5-63x_1x_2^3x_3)z^5+39x_1x_2x_3^2z^4+(3x_1^3+4x_2x_3x_1)z^3+2x_1^2z^2+6\\g_h=&-21_1^4x_2^3x_3z^8+(-21x_1^2x_2^3x_3^2-21x_1^2x_2^4x_3+13x_1^4x_2x_3^2)z^7+\end{aligned} \tag{6-10}$$

$(x_1^6+13x_1^2x_2x_3^3+13x_1^2x_2^2x_3^2)z^6+(\chi x_1^4x_3+x_1^4x_2-21x_1x_2^3x_3)z^5+$
$13x_1x_2x_3^2z^4+3x_1^3z^3+(2x_1x_3+2x_1x_2)z^2+2$

计算 f_h，g_h 的最大公因式，令它们的最大公因式为 q_h，

$$q_h=-21x_1x_2^3x_3z^5+13x_1x_2^2x_3^2z^4+x_1^3z^3+2$$

则 f 与 g 的最大公因式为

$$q=-21x_1x_2^3x_3+13x_1x_2^2x_3^2+x_1^3+2$$

从例 6－11 中可以看出，f_h 和 g_h 的最大公因式 q_h 是关于变元 x_1，…，x_n，z 的多元多项式。视 z 为主变元，则 z 的各个幂次的系数是关于变元 x_1，…，x_n 的齐次多元多项式，将这些系数多项式收集起来就构成了目标最大公因式。

【例 6－12】 运用算法 6.4 计算例 6－11 中 f 和 g 的最大公因式。

解 ① 引入变元，构造辅助多项式 f_h 和 g_h。

② 生成点 $\omega^{(i)}=(\omega_1^{(i)}, \omega_2^{(i)}, \omega_3^{(i)})$，选用的稀疏插值算法可以决定点 $\omega^{(i)}$。例如，采用 Ben－Or/Tiwari 算法，生成插值点 $\omega^{(i)}=(2^i, 3^i, 5^i)$，$i=0, 1, \cdots$。

计算 f_h，g_h 在 $\omega^{(i)}$ 处的关于变元 z 的单变元最大公因式，

$$q_h^{(i)}=\gcd_z(f_h(z, \omega^{(i)}), g_h(z, \omega^{(i)})), i=0, 1, \cdots$$

并令 $q_h^{(i)}$ 的常数项为 1，那么计算 gcd（f，g）就可以转变成对变元 z 的系数多项式插值。Ben－Or/Tiwari 算法在不给定项数的情形下，需要的插值点个数为项数的 2 倍加 2。在此例中，z 中的每个 x 的幂次数的系数多项式项数均为 1 项，所以 4 个插值点就够了。在模为 1009 时，4 个插值点分别为

$$q_h^{(0)}=\gcd_z(f_h(z, \omega^{(0)}), g_h(z, \omega^{(0)}))=494z^5+511z^4+505z^3+1$$
$$q_h^{(1)}=\gcd_z(f_h(z, \omega^{(1)}), g_h(z, \omega^{(1)}))=192z^5+975z^4+4z^3+1$$
$$q_h^{(2)}=\gcd_z(f_h(z, \omega^{(2)}), g_h(z, \omega^{(2)}))=381z^5+954z^4+32z^3+1$$
$$q_h^{(3)}=\gcd_z(f_h(z, \omega^{(3)}), g_h(z, \omega^{(3)}))=961z^5+831z^4+256z^3+1$$

③ 利用 Ben－Or/Tiwari 稀疏插值算法恢复齐次变元 z 的各个系数多项式，可以得到

$$q_h=494x_1x_2^3x_3z^5+511x_1x_2x_3^2z^4+505x_1^3z^3+1$$

④ 使用有理向量恢复算法重建实系数，可得

$$q_h=-(21/2)x_1x_2^3x_3z^5+(13/2)x_1x_2x_3^2z^4+(1/2)x_1^3z^3+1$$

将 q_h 的各项系数多项式收集起来，可知

$$q=\gcd(f, g)=-(21/2)x_1x_2^3x_3+(13/2)x_1x_2x_3^2+(1/2)x_1^3+1$$

例 6－12 中介绍了最大公因式 q 的常数项不为零时稀疏插值算法的执行过程。

通过正规化常数项可得到各个齐次多项式的唯一赋值，最后利用稀疏多元多项式插值算法进行恢复。

3. 一般化的最大公因式稀疏插值算法

当最大公因式 q 的常数项为零时，不能通过正规化常数项以固定各个齐次多项式，下面给出一般情况下最大公因式的稀疏插值算法。假设 $q=\gcd(f, g)$的稀疏结构为

$$q=C_{\mu}(x_1, \cdots, x_n)+\cdots+C_{j_1}(x_1, \cdots, x_n)+C_{l_3}(x_1, \cdots, x_n) \tag{6-11}$$

其中 C_{l_3}，C_{j_1}，…，C_{j_l}，C_{μ}分别是次数为 l_3，j_1，…，j_l，μ 的多项式，且 $\mu>j_l>\cdots>j_1>l_3\geqslant 0$。如果 C_{l_3}是非零常数项，则 q 的计算如上文所述。

以下假设 C_{l_3}是为次数 $l_3>0$ 的多项式。为了插值恢复 q 的各个齐次多项式，首先需要固定 q 的其中一项，然后推导出 q 的其余项的唯一赋值。考虑 $\hat{C}_{\mu}=cC_{\mu}$，$c\in\kappa\backslash\{0\}$ 和式（6-11)，可知

$$\hat{C}_{\mu}(x_1, \cdots x_n)+\widetilde{C}_{j_l}(x_1, \cdots, x_n)+\cdots+\widetilde{C}_{j_1}(x_1, \cdots, x_n)+\widetilde{C}_{l_3}(x_1, \cdots, x_n) \tag{6-12}$$

也是 f 和 g 的一个最大公因式。其中 $\widetilde{C}_{j_l}=c\cdot C_{j_l}$，…，$\widetilde{C}_{j_1}=c\cdot C_{j_1}$，$\widetilde{C}_{l_3}=c\cdot C_{l_3}$，注意到辅助齐次多项式的构造不影响 q 的最高次项，给定点（ω_1，…，ω_n)，式（6-4)中 $\hat{C}_{\mu}(\omega_1, \cdots, \omega_n)$ 的赋值是唯一的，因此可通过 $\hat{C}_{\mu}$正规化其他齐次多项式。

下面推导式（6-12)在给定点(ω_1，…，ω_n)处最大公因式各项的赋值。首先，根据式(6-4)计算 $\gcd(\hat{f}_h(z, \omega_1, \cdots, \omega_n), \hat{g}_h(z, \omega_1, \cdots, \omega_n))$。因为 $\hat{q}_h$的常数项是 1，可得正规化的赋值 $\hat{C}_{\mu}(\omega_1, \cdots, \omega_n)$，然后计算 $\gcd(f_h(z, \omega_1, \cdots, \omega_n), g_h(z, \omega_1, \cdots, \omega_n))$，并令首项系数等于 $\hat{C}_{\mu}(\omega_1, \cdots, \omega_n)$，可得

$$\hat{C}_{\mu}(\omega_1, \cdots, \omega_n)z^{\mu}+\widetilde{C}_{j_l}(\omega_1, \cdots, \omega_n)z^{j_l}+\cdots+\widetilde{C}_{j_1}(\omega_1, \cdots, \omega_n)z^{j_1} \\ +\widetilde{C}_{l_3}(\omega_1, \cdots, \omega_n)z^{l_3}$$

其中，$\widetilde{C}_{j_l}(\omega_1, \cdots, \omega_n)$，…，$\widetilde{C}_{j_1}(\omega_1, \cdots, \omega_n)$，$\widetilde{C}_{l_3}(\omega_1, \cdots, \omega_n)$ 都是唯一确定的。为简化记号，将式（6-12）中的最大公因式表示成：

$$q=C_{\mu}(x_1, \cdots, x_n)+C_{j_l}(x_1, \cdots, x_n)+\cdots \\ +C_{j_1}(x_1, \cdots, x_n)+C_{l_3}(x_1, \cdots, x_n) \tag{6-13}$$

那么 q 的各项在点 $\omega=(\omega_1, \cdots, \omega_n)$ 处的赋值能推导出来，因此 q 可以用多元多项式插值恢复。换句话说，如果 q 的常数项为零，那么就要添加齐次多项式，在 q 中强制加上一个常数项。

下面给出一般情形下的最大公因式疏密插值算法。

算法 6.5　最大公因式稀疏插值算法（一般化）

输入

$f(x_1, \cdots, x_n)$，$g(x_1, \cdots, x_n)$：两个非零的多元多项式。

输出

$C_\mu(x_1, \cdots, x_n)$，$C_{j_l}(x_1, \cdots, x_n)$，…，$C_{l_3}(x_1, \cdots, x_n)$：$q$ 的齐次多项式。

步骤

① 根据选择的稀疏多元多项式插值算法确定插值点 $\omega^{(i)}(i=1, 2, \cdots)$，计算 $\hat{f}_h(z, \omega^{(i)})$ 和 $\hat{g}_h(z, \omega^{(i)})$ 关于变元的最大公因式 $\hat{q}_h(z, \omega^{(i)})$，并令 $\hat{q}_h$ 的常数项为 1，记

$$\hat{q}_h(z, \omega^{(i)})=\hat{C}_\mu(\omega^{(i)})\ z^\mu+\cdots+\hat{C}_1(\omega^{(i)})z+1$$

计算 $f_h(z, \omega^{(i)})$ 和 $g_h(z, \omega^{(i)})$ 关于变元的最大公因式 $q_h(z, \omega^{(i)})$，记

$$q_h(z, \omega^{(i)})=C_\mu(\omega^{(i)})z^{\mu+\tau}+C_{j_l}(\omega^{(i)})z^{j_l+\tau}+\cdots+C_{l_3}(\omega^{(i)})z^{l_3+\tau} \tag{6-14}$$

式（6-14）乘上因子 $c^{(i)}=\dfrac{\hat{C}_\mu(\omega^{(i)})}{C_\mu(\omega^{(i)})z^\tau}$，可得

$$c^{(i)}q_h(z, \omega^{(i)})=\hat{C}_\mu(\omega^{(i)})z^\mu+c^{(i)}C_{j_l}(\omega^{(i)})z^{j_l}+\cdots+c^{(i)}C_{l_3}(\omega^{(i)})z^{l_3} \tag{6-15}$$

② 由式（6-15）可得赋值

$$\hat{C}_\mu(\omega^{(i)}),\ c^{(i)}C_{j_l}(\omega^{(i)}),\ \cdots,\ c^{(i)}C_{l_3}(\omega^{(i)}),\ i=1, 2, \cdots, i_1$$

逐渐增加插值点的数量，直至 $\hat{C}_\mu$，C_{j_l}，…，C_{l_3} 中任何一项 $C_k(k\in\{\mu, j_l, \cdots, l_3\})$ 率先结束插值。

③ 对 $i=i_1+1, i_1+2, \cdots$，计算 $q_h(z, \omega^{(i)})=\gcd(f_h(z, \omega^{(i)}), g_h(z, \omega^{(i)}))$并乘上合适的因子，使得 C_k 项的值为 $C_k(\omega^{(i)})$。记

$$q_h(z, \omega^{(i)})=C_\mu(\omega^{(i)})z^{\mu+\tau}+C_k(\omega^{(i)})z^{j_l+\tau}+\cdots+C_{l_3}(\omega^{(i)})z^{l_3+\tau}$$

逐步增加插值点的数量，直至完成其他的系数多项式。

④ 返回 C_μ，C_{j_l}，…，C_{l_3}。

【例 6-13】　令多元多项式 f 和 g 为

$$f=(5x_1+6x_2^2)(71x_3+x_1^2)$$
$$g=(5x_1+6x_2^2)(x_1+80x_3^3+x_2)$$

添加齐次变元 z，构造辅助多项式

$$f_h=f_h(z,\ x_1,\ x_2,\ x_3)=f_h(x_1z,\ x_2z,\ x_3z)$$
$$g_h=g_h(z,\ x_1,\ x_2,\ x_3)=g_h(x_1z,\ x_2z,\ x_3z)$$

随机选择点 $(\sigma_1,\ \sigma_2,\ \sigma_3)=(1,\ 2,\ 3)$，构造辅助函数 $\hat{f}_h$ 和 $\hat{g}_h$

$$\hat{f}_h=f(x_1z+\sigma_1,\ x_2z+\sigma_2,\ x_3z+\sigma_3)=f(x_1z+1,\ x_2z+2,\ x_3z+3)$$
$$\hat{g}_h=g(x_1z+\sigma_1,\ x_2z+\sigma_2,\ x_3z+\sigma_3)=g(x_1z+1,\ x_2z+2,\ x_3z+3)$$

随机选择点 $\omega^{(i)}=(\omega_1{}^{(i)},\ \omega_2{}^{(i)},\ \omega_3{}^{(i)})=(2^i,\ 3^i,\ 5^i)(i=0,\ 1,\ 2,\ \cdots)$，计算 $\hat{f}_h(z,\ \omega^{(i)})$ 和 $\hat{g}_h(z,\ \omega^{(i)})$ 的最大公因式，并令其常数项为 1，

$$\hat{q}_h(z,\ \omega^{(0)})=\hat{q}_h(z,\ 1,\ 1,\ 1)=(6/29)z^2+z+1$$
$$\hat{q}_h(z,\ \omega^{(1)})=\hat{q}_h(z,\ 2,\ 3,\ 5)=(54/29)z^2+(82/29)z+1$$
$$\hat{q}_h(z,\ \omega^{(2)})=\hat{q}_h(z,\ 4,\ 9,\ 25)=(486/29)z^2+(236/29)z+1$$
$$\vdots$$

计算 $f_h(z,\ \omega^{(i)})$ 和 $g_h(z,\ \omega^{(i)})$ 的最大公因式。乘以一个适合的因子，令 $f_h(z,\omega^{(i)})$ 和 $g_h(z,\ \omega^{(i)})$ 的最大公因式的最高次项的系数与 $\hat{q}_h(z,\ \omega^{(i)})$ 的相同，

$$\hat{q}_h(z,\ \omega^{(0)})=\hat{q}_h(z,\ 1,\ 1,\ 1)=(6/29)z^2+z+1$$
$$\hat{q}_h(z,\ \omega^{(1)})=\hat{q}_h(z,\ 2,\ 3,\ 5)=(54/29)z^2+(82/29)z+1$$
$$\hat{q}_h(z,\ \omega^{(2)})=\hat{q}_h(z,\ 4,\ 9,\ 25)=(486/29)z^2+(236/29)z+1$$
$$\vdots$$

通过正规化常数项可得到 $\hat{q}_h(z,\ \omega^{(i)})$ 的最高次项 z^3 的系数，通过乘上合适的因子，使得 $q_h(z,\ \omega^{(i)})$ 和 $\hat{q}_h(z,\ \omega^{(i)})$ 的最高次项 z^3 的系数相同，从而固定 $\hat{q}_h(z,\ \omega^{(i)})$ 中 z 的各个幂次的系数，根据这些系数值可恢复 $q=\gcd(f,\ g)$ 的各个齐次项。

在例 6-13 中，计算 $\hat{q}_h(z,\ \omega^{(i)})$ 是为了获得 $q(\omega^{(i)})$ 的最高次项的系数，计算 $q_h(z,\ \omega^{(i)})$ 是为了获得 $q(\omega^{(i)})$ 的稀疏结构，因此每个插值点都进行了 2 次单变元最大公因式计算。为了尽可能减少单变元最大公因式的计算次数，一旦获得了足够的插值点还原 $q=\gcd(f,\ g)$ 的最高次项，其余插值点可只计算 $q_h(z,\ \omega^{(i)})$ 而无须计算 $\hat{q}_h(z,\ \omega^{(i)})$。

更进一步，每获得一个新的插值点，就可对 $q_h(z,\ \omega^{(i)})$ 的各个系数多项式进行测试，一旦存在足够插值点复原 $q_h(z,\ \omega^{(i)})$ 的某个系数多项式，首先恢复该项，其余各项的插值点可通过固定该项获得。

例如，q 的尾项 C_{l_3} 被首先恢复，通过计算 $\gcd(f_h(z,\ \omega_1,\ \cdots,\ \omega_n),\ g_h(z,\ \omega_1,\ \cdots,\ \omega_n))$ 在给定点 $(\omega_1,\ \cdots,\ \omega_n)$ 处的赋值，并令尾项系数等于 $C_{l_3}(\omega_1,\ \cdots,$

ω_n)，就能得到以下各项的唯一赋值

$$C_{\mu}(\omega_1,\cdots,\omega_n),\ C_{j_l}(\omega_1,\cdots,\omega_n),\ \cdots,\ C_{j_1}(\omega_1,\cdots,\omega_n)$$

这时就要利用多元多项式插值算法，去恢复式(6-13)中的各个齐次项 C_{μ}，C_{j_l}，…，C_{j_1}。

6.4.2 最大公因式齐次多项式稀疏插值算法

6.4.1节介绍了两种插值算法，具体来说，就是通过添加齐次变元，构造辅助函数，选择使用正规化还是一般化方法构造最大公因式齐次多项式；用数值替换变元；运用单变元最大公因式计算得到齐次变元的每一个系数多项式在插值点处的赋值；最后采用稀疏插值算法恢复齐次变元的系数多项式。每个经恢复得到的系数多项式都是目标最大公因式的一部分，将其合并即为目标最大公因式。

算法 6.6 最大公因式齐次多项式稀疏插值算法（基于 Ben－Or/Tiwari 算法）

输入

$P(x_1,\cdots,x_n)$：全次数为 k 的齐次多元多项式。

输出

gcd（f，g）中全次数为 k 的齐次多项式。

步骤

① $l=1$。对于 $i=0$，1，…，$2l-2$，计算 P 在点 $u_i=(p_1^i,\ p_2^i,\ \cdots,\ p_n^i)$ 处的赋值。令 $v_i=P(u_i)$，$\boldsymbol{V}_l$是 $l\times l$ 矩阵，元素定义为 $V_l(i,j)=v_{i+j-2}(i,j=1,\cdots,l)$，若 $\det(\boldsymbol{V}_l)=0$，则令 $t=l-1$,结束循环；否则 $l=l+1$。

② 令 $\boldsymbol{V}$ 是 $t\times t$ 矩阵，元素定义为 $V(i,j)=v_{i+j-2}$，$\boldsymbol{s}$ 是长度为 t 的列向量，元素定义为 $s(i)=v_{t+i-1}(i=1,\cdots,t)$，求解线性方程组 $\boldsymbol{V\lambda}=-\boldsymbol{s}$，可得 λ_1，…，λ_t。

③ 构造多项式 $\Lambda(z)=z^t+\lambda_t z^{t-1}+\cdots+\lambda_2 z+\lambda_1$，并求 $\Lambda(z)=0$ 的 t 个根，令其为 m_1，…，m_t。

④ 分解 m_i 为素数的幂次的乘积，

$$m_i=p_1^{\alpha_{i_1}}p_2^{\alpha_{i_2}}\cdots p_n^{\alpha_{i_n}}$$

其中，p_1，p_2，…，p_n 为 n 个素数，从而可确定第 i 个单项式

$$M_i(x_1,x_2,\cdots,x_n)=x_1^{\alpha_{i_1}}x_2^{\alpha_{i_2}}\cdots x_n^{\alpha_{i_n}},\ i=1,2,\cdots,t$$

⑤ 令 $\boldsymbol{M}$ 是 $t\times t$ 矩阵，元素定义为 $M(i,j)=m_j^{i-1}$，$\boldsymbol{a}$ 和 $\boldsymbol{v}$ 是长度为 t 的列向量，第 i 个元素分别用 a_i 和 v_{i-1} 表示，求解线性方程组 $\boldsymbol{Ma}=\boldsymbol{v}$。

⑥ 返回多项式 $P(x_1,\cdots,x_n)=a_1M_1+\cdots+a_tM_t$。

下面给出采用基于 Ben－Or/Tiwari 算法进行最大公因式计算的一个实例。

【例 6-14】 用 Ben－Or/Tiwari 算法求多项式 f 和 g 的最大公因式，其中

$$f(x_1,x_2,x_3)=42x_1^2x_2^4x_3^2+2x_1^4x_2x_3+26x_1^2x_2^2x_3^3+63x_1x_2^3x_3+3x_1^3+39x_1x_2x_3^2+21x_1^3x_2^3x_3+x_1^5+13x_1^3x_2x_3^2$$

$$g(x_1, x_2, x_3)=21x_1^2x_3^2x_2^3+x_1^4x_3+13x_1x_3^2x_2^3+21x_1x_2^3x_3+x_1^3+13x_1x_2x_3^2+$$
$$21x_1^4x_2^3x_3+x_1^6+13x_1^4x_2x_3^2+21x_1^4x_2^4x_3+x_1^4x_2+13x_1^2x_2^2x_3^2$$

解 (1) 引入齐次变元 z，令$(\sigma_1, \sigma_2, \sigma_3)=(1, 1, 1)$，构造 f_h 和 g_h 的辅助多项式 $\hat{f}_h$ 和 $\hat{g}_h$

$$f_h=f(x_1z, x_2z, x_3z)$$
$$g_h=g(x_1z, x_2z, x_3z)$$
$$\hat{f}_h=f(x_1z+\sigma_1, x_2z+\sigma_2, x_3z+\sigma_3)=f(x_1z+1, x_2z+1, x_3z+1)$$
$$\hat{g}_h=g(x_1z+\sigma_1, x_2z+\sigma_2, x_3z+\sigma_3)=g(x_1z+1, x_2z+1, x_3z+1)$$

(2) 生成 Ben－Or/Tiwari 算法的第 1 个插值点 $(2^0, 3^0, 5^0)=(1, 1, 1)$，计算 $\hat{f}_h$，$\hat{g}_h$关于 z 的单变元多项式

$$\gcd(f_h(2^0z, 3^0z, 5^0z), g_h(2^0z, 3^0z, 5^0z))=21z^5+z^3+13z^4 \quad (6-16)$$

及 $\hat{f}_h$和 $\hat{g}_h$关于 z 的单变元多项式

$$\gcd(f_h(2^0z+1, 3^0z+1, 5^0z+), g_h(2^0z+1, 3^0z+1, 5^0z+1))$$
$$=21z^5+118z^4+263z^3+291z^2+160z+35 \quad (6-17)$$

由式(6－16)和式(6－17)可知，当 gcd (f, g)的常数项为零时，可运用一般化的办法恢复 z 的各个多项式。

(3) 令式(6－17)的常数项为 1，式(6－16)和式(6－17)的最高次项的系数相同，可得

$$\gcd(\hat{f}_h(2^0z+1, 3^0z+1, 5^0z+1), \hat{g}_h(2^0z+1, 3^0z+1, 5^0z+1))$$
$$=(3/5)z^5+(118/35)z^4+(263/35)z^3+(291/35)z^2+(32/7)z+1 \quad (6-18)$$
$$\gcd(f_h(2^0z, 3^0z, 5^0z), g_h(2^0z, 3^0z, 5^0z))=(3/5)z^5+(13/35)z^3+(1/35)z^4$$

(4) 生成 Ben－Or/Tiwari 算法的第 i 个插值点$(2^i, 3^i, 5^i)(i=1, 2, \cdots)$，计算 $\hat{f}_h$和 $\hat{g}_h$关于 z 的单变元多项式，并令常数项为 1，

$$\gcd(\hat{f}_h(2^1z+1, 3^1z+1, 5^1z+1), \hat{g}_h(2^1z+1, 3^1z+1, 5^1z+1))$$
$$=162z^5+(11\,589/35)z^4+(8\,839/35)z^3+(633/7)z^2+(537/35)z+1$$

$$\gcd(\hat{f}_h(2^2z+1, 3^2z+1, 5^2z+1), \hat{g}_h(2^2z+1, 3^2z+1, 5^2z+1))$$
$$=43\,740z^5+(1\,246\,761/35)z^4+(69\,817/7)z^3+(40\,737/35)z^2+(2\,007/35)z+1$$

$$(\hat{f}_h(2^3z+1, 3^3z+1, 5^3z+1), \hat{g}_h(2^3z+1, 3^3z+1, 5^3z+1))$$
$$=11\,809\,800z^5+(144\,776\,619/35)z^4+(16\,034\,521/35)z^3+$$
$$(122\,607/7)z^2+(8\,223/35)z+1 \quad (6-19)$$

计算 $\hat{f}_h$ 和 $\hat{g}_h$ 关于 z 的单变元多项式，令 z^5 的系数和式(6－19)的 z^5 的系数相同，

$$\begin{aligned}&\gcd(f_h(2^1z,\ 3^1z,\ 5^1z),\ g_h(2^1z,\ 3^1z,\ 5^1z))=\\&162z^5+(390/7)z^4+(8/35)z^3\\&\gcd(f_h(2^2z,\ 3^2z,\ 5^2z),\ g_h(2^2z,\ 3^2z,\ 5^2z))=\\&43\ 740z^5+(58\ 500/7)z^4+(64/35)z^3\\&\gcd(f_h(2^3z,\ 3^3z,\ 5^3z),\ g_h(2^3z,\ 3^3z,\ 5^3z))=\\&11\ 809\ 800z^5+(8\ 775\ 000/7)z^4+(512/35)z^3\end{aligned}\tag{6－20}$$

逐步增加插值点，当插值点数量到达偶数时，测试是否能恢复式(6－20)中 z^5，z^4，z^3 的其中一个系数齐次多项式。根据式(6－18)和式(6－20)，分别计算 z^5，z^4，z^3 的系数构成的矩阵的行列式 D_1，D_2，D_3，直到 $z=3$。

$$D_1=\begin{vmatrix}13/35 & 162\\43\ 740 & 11\ 809\ 800\end{vmatrix}=0$$

$$D_2=\begin{vmatrix}13/35 & 390/7\\58\ 500/7 & 8\ 775\ 000/7\end{vmatrix}=0$$

$$D_3=\begin{vmatrix}1/35 & 8/35\\64/35 & 512/35\end{vmatrix}=0$$

此时可恢复 z^5，z^4，z^3 的系数多项式。

(5) 用 Ben—Or/Tiwari 算法恢复 z^5，z^4，z^3 的系数多项式，可得

$$q_h=2\ 121x_1x_2^3x_3z^5+13x_1x_2x_3^2z^4+x_1^3z^3\tag{6－21}$$

(6) 由式(6－21)，可得

$$\gcd(f,\ g)=21x_1x_2^3x_3+13x_1x_2x_3^2+x_1^3$$

6.4.3　程序设计

本节给出多项式最大公因式计算的程序。设计思路为：生成第 i 个素数；添加齐次变元 z，构造辅助多项式；计算第 1 个插值点；计算各项系数多项式所需的插值点；完成各个单项的插值多项式；还原 m_i；解系数矩阵 $\boldsymbol{a}$。

程序中的主要步骤如下。

(1) 生成第 i 个素数。

```
p[1]:=2;
for i from 2 to n do
  p[i]:=nextprime9p[i-1]);
end do;
```

(2) 添加齐次变元 z，构造辅助多项式。

```
fh:=subs(seq(x[k]·z,k=1..n),f);
```

```
gh:=subs(seq(x[k]·z,k=1..n),g);
```

(3) 计算第 1 个插值点。

```
u:=[seq(1,k=1..n)];
gcdfhghIn:=Gcd(eval(fh,[seq(x[k]=u[k], k=1..n)]), eval(gh,[seq(x[k]=u
[k], k=1..n)])) mod modp;
gcdfhghIn:=gcd fhghIn/tcoeff(gcd fhghIn) mod modp;
counter:=counter+ 1;
v[0]:=[coeffs(gcdfhIn,z)];
for i from 1 to nops(v[0]) do;
 cleading[i][0]:=op(i,v[0]);
end do;
```

(4) 计算各项系数多项式所需的插值点。

```
i:=1;
detV:=[seq(1,k=1..nops(v[0]))];
while detV ≠[seq(1,k= 1..nops(v[0]))] do
  u:=[seq(p[k]^i)k=1..n];
   gcdfhghIn:=Gcd(eval(fh,[seq(x[k]=u[k], k=1..n)]), eval(gh,[seq(x[k]
   =u[k], k=1..n)])) mod modp;
   gcdfhghIn:=gcd fhghIn/tcoeff(gcd fhghIn) mod modp;
   countrer:=countrer+ 1;
    v[i]:=[coeffs(gcdfhghIn,z)];
   for i1 from 1 to nops(v[0]) do
    if  detV[i1] ≠0  then
     cleading[i1][i]:=op(i1,v[i]);
      if i mod2≠0 then
       t:=(i+1)/2;
       V[i1]:=Matrix(t,t);
       for j from 1 to t do
        for k from 1 to t do
         V[i1][j,k]:=cleading[i1][j+k-2];;
        end do;
       end do;
       detV[i1]:=Determinant(V[i1]) mod modp;
       if detV[i1]=0 then
         tt(i1):=t;;
       end if;
```

```
      end if;
     end if;
   end do;
    i:=i+1;
  end do;
```

（5）完成各个单项的插值多项式。

```
   Polygcd:=op(1,v[0]);
   for k1 from 2 to nops(v[0]) do   # 完成各个单项的插值多项式
     t1:=tt[k1]-1;
     V1:=Matrix(t1,t1);
      for j from 1 to t1 do
       for k from 1 to t1 do
         V1[j,k]:=V[k1][j,k];
        end do;
     end do;
     s:=Matrix(t1,i);
     for i from 1 to t1 do
        s[i,1]:=cleading[k1][t1+i-1];
     end do;
     Lambda:=LinearSolve(V1, -s, method='modular') mod modp;
     Lambda:=zt1;           # 构造 Lambda(z)多项式
     for i from 1 to t1 do
     Lambda:=Lambda+lambda[i,1] • z^(i-1);
    end do;
for k from 1 to nops(leading) do
        leading[k]:=op(2,op(1,op(k,leading)));
     end do;
     leading:=[seq(ifactors(leading[k]),k=1..nops(leading))];
```

（6）还原 m_i。

```
  for i from 1 to nops(leadingfactor) do
   l1:= op(2,op(i, leadingfactor));
    m[i]:=1;
    mm[i]:=1;
     for j from 1 to nops(l1) do
       l2:=op(1,op(j,l1));
       l3:=op(2,op(j,l1));
       mm[i]:=mm[i].l2^l3;
        for k from 1 to n do
```

```
        if l2=p[k] then l2:=x[k] end if;
      end do;
    m[i]:=m[i]·l2^13;
    end do;
  end do;
```

(7) 解系数矩阵 $\boldsymbol{a}$。

```
M:=Matrix(t1,t1);
  for i from 1 to t1 do
    for j from 1 to t1 do
      M[i,j]:=(mm[j]^(i-1));
    end do;
  end do;
  vleading:=Matrix(t1,t1);
  vleading[i,1]:=cleading[k1][i-1];
  for i from 1 to t1 do
    vleading[i,1]:=cleading[k1][i-1];
  end do;
  a:=LinearSlove(M,vleading);
  leading:=0;
  for i from 1 to t1 do
    leading:=leading+a[i][1].m[i];
  end do;
  Polygcd:=Polygcd+leading;
end do;
Polygcd:=Polygcd/lcoeff(Polygcd) mod modp;
Polygcd:=iratrecom(Polygcd,modp);
```

6.4.4 数值实验

本节设计了三组实验，每个实验都用 Maple 命令生成随机多项式。实验中的参数为：变元个数 n、次数 d_q、项数 t_q、系数范围、整系数，随机生成多项式 q 和辅助因子 $\bar{f}$，$\bar{g}$。选择 Ben - Or/Tiwari 算法恢复齐次多项式的最大公因式插值算法命名为 InterGCD。令 $f=q\cdot\bar{f}$，$g=q\cdot\bar{g}$，一般情况下，$\bar{f}$和$\bar{g}$没有公因式，即 $q=\gcd(f, g)$。每组实验重复多次，并取实验中的数值平均值作为结果。通过与 Maple 内置命令的比较，验证算法 InterGCD 计算结果的正确性。在这三组实验中，多项式 q，f 和 g 的系数在$[10^{-7}, 10^7]$之间，所用的模为 10000000019。

1. 实验一

构造 q，f 和 g 的项数分别是 5，5 000，5 000，次数分别是 10，300，300，在此情形下让变元个数从 2 增加到 21。在每增加一个变元时，比较算法 InterGCD 和 Maple 内置命令计算最大公因式所需的时间（见表 6－1 和图 6－2）。

表 6－1　变元个数增加时计算最大公因式所需的时间

n	2	3	4	5	6
算法 InterGCD	0.302 5	0.373 0	0.443 0	0.514 7	0.586 7
Maple 内置命令	2.127 8	2.556 9	2.893 9	3.241 9	3.360 4
n	7	8	9	10	11
算法 InterGCD	0.675 5	0.781 4	0.839 4	0.954 8	1.011 1
Maple 内置命令	3.755 1	4.145 0	4.466 4	4.770 7	4.821 8
n	12	13	14	15	16
算法 InterGCD	1.121 6	1.197 9	1.303 9	1.528 8	1.658 2
Maple 内置命令	5.112 1	5.457 4	5.542 5	5.953 5	6.422 3
n	17	18	19	20	21
算法 InterGCD	1.808 0	1.956 4	2.095 0	2.227 5	2.396 3
Maple 内置命令	6.427 0	6.798 5	7.455 1	7.569 1	7.995 1

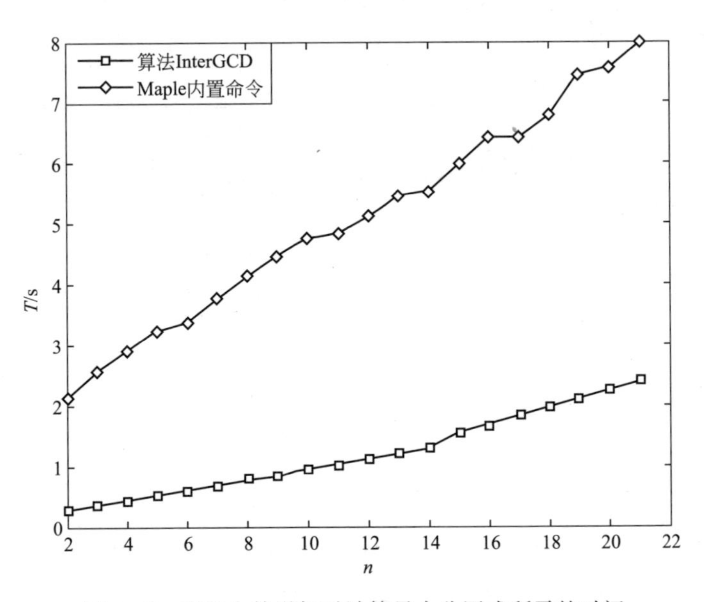

图 6－2　变元个数增加时计算最大公因式所需的时间

从表 6 - 1 和图 6 - 2 中可以看到，两个方法耗费的时间随着 n 的增加而增大。与 Maple 内置的 gcd 命令相比较，Ben－Or/Tiwari 算法效率更高。另外，n 对算法 InterGCD 的影响也比较小。

2. 实验二

构造含有 5 个变量的多项式 q，f 和 g，多项式项数是 15，150 00，150 00，f 和 g 的次数分别是 300，300。令 q 的总次数 d_q 逐渐增加，$8 \leqslant d_q \leqslant 40$。算法 InterGCD 和 Maple 内置命令计算最大公因式所需的时间如表 6 - 2 和图 6 - 3 所示。

表 6 - 2 全次数增加时计算最大公因式所需的时间

d_q	8	9	10	11	12	13	14
算法 InterGCD	1.545	1.575	1.599	1.644	1.614	1.625	1.616
Maple 内置命令	16.038	17.580	17.814	18.083	17.384	18.107	17.500
d_q	15	16	17	18	19	20	21
算法 InterGCD	1.596	1.596	1.626	1.628	1.615	1.632	1.606
Maple 内置命令	17.161	17.161	16.842	17.692	17.262	17.121	17.220
d_q	22	23	24	25	26	27	28
算法 InterGCD	1.637	1.656	1.655 9	1.646	1.616	1.666	1.670
Maple 内置命令	17.426	17.493	17.071	16.941	17.071	16.940	16.940
d_q	29	30	31	32	33	34	35
算法 InterGCD	1.666	1.697	1.662	1.689	1.706	1.640	1.646
Maple 内置命令	17.184	17.422	16.951	17.658	17.660	17.263	16.868

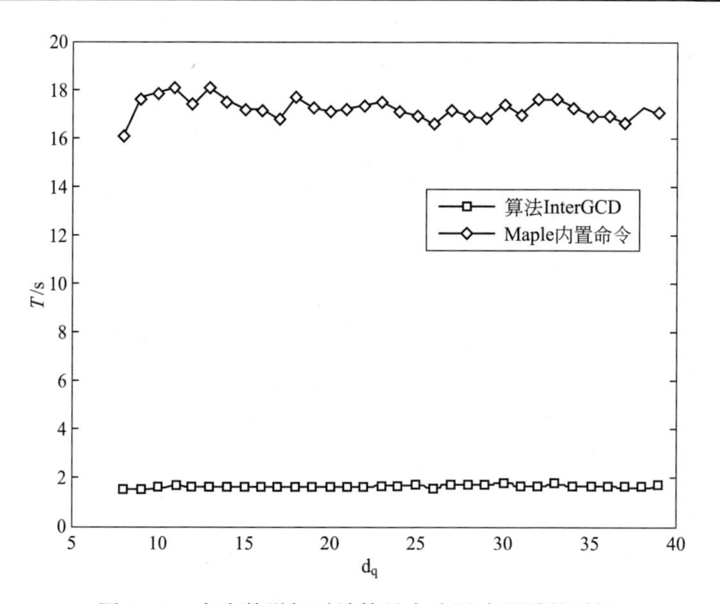

图 6 - 3 全次数增加时计算最大公因式所需的时间

观察表 6－2 和图 6－3，可以发现算法 InterGCD 比 Maple 内置命令效率更高。当 d_q 的数目从 8 变化到 40 时，两种方法消耗的时间都相对平稳。实际上，项数决定算法 InterGCD 中赋值点的数目，与次数无关。因此当次数增加时，对算法 InterGCD根本没有影响。

3. 实验三

构造 q，f 和 g，它们都是含有 5 个变量的多项式，次数分别为 15，300，300，f 和 g 的项数分别是 $t_f = t_g = 15\ 000$。这组实验 q 的项数需要变化，$5 \leqslant t_q \leqslant 34$。算法 InterGCD 和 Maple 内置命令计算最大公因式所需的时间比较见表 6－3 和图 6－4。

表 6－3　项数增加时计算最大公因式所需的时间比较

t_q	5	6	7	8	9
算法 InterGCD	1.569	1.611	1.614	1.598	1.666
Maple 内置命令	32.112	27.524	24.467	22.055	19.389
t_q	10	11	12	13	14
算法 InterGCD	1.636	1.651	1.673	1.631	1.642
Maple 内置命令	17.125	16.994	16.539	14.859	14.788
t_q	15	16	17	18	19
算法 InterGCD	1.651	2.021	2.587	2.984	3.514
Maple 内置命令	14.008	13.347	12.288	12.264	12.366
t_q	20	21	22	23	24
算法 InterGCD	3.716	3.819	4.521	4.516	4.475
Maple 内置命令	11.251	11.280	10.728	10.982	10.820
t_q	25	26	27	28	29
算法 InterGCD	4.535	4.533	4.491	4.500	4.536
Maple 内置命令	10.576	10.550	10.901	10.634	10.425
t_q	30	31	32	33	34
算法 InterGCD	4.452	4.439	5.056	5.164	5.441
Maple 内置命令	10.810	10.290	10.951	10.977	10.976

从表 6－3 和图 6－4 可以看出，算法 InterGCD 比 Maple 内置命令要快得多，而且项数 t_q 增加时算法 InterGCD 比较稳定。

6.4.5　小结

本节给出了如何使用插值方法计算稀疏多元多项式的最大公因式。首先通过添加齐次变元，视原多项式为关于齐次变元的单变元多项式，然后用数值替换变元，

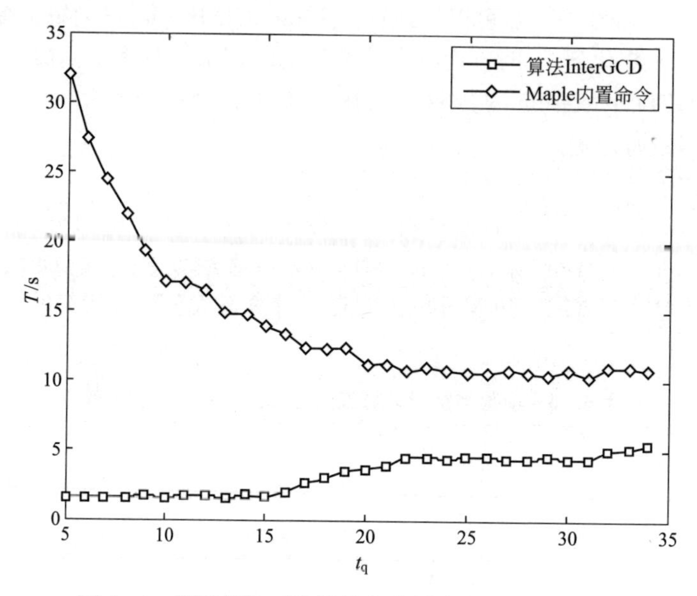

图 6－4　项数增加时计算最大公因式所需的时间比较

生成一系列多元最大公因式在特定插值点处的实例，最后采用稀疏多元多项式插值算法恢复齐次变元的系数多项式，将其合并即为该问题的解。本节最后将插值算法与 Maple 内置命令进行了比较，结果表明，在原多元多项式规模较大而其最大公因式较小时，本书提出的方法效率较高。

第 7 章

稀疏插值在组合几何优化问题上的应用

7.1 引　　例

Heymann 提出了一个“尺规作图”的问题(以下简称“Heymann 问题”)：给定三角形三条角平分线的长度，仅用尺子和圆规能否画出这个三角形？如图 7－1 所示，a，b，c 分别是三角形的三边长，a_i是$\angle A$ 的内角平分线，a_e，b_e分别是$\angle A$ 和$\angle B$ 的外角平分线。Heymann 的问题为：给定 a_i，a_e，b_e，能否画出三角形 ABC？

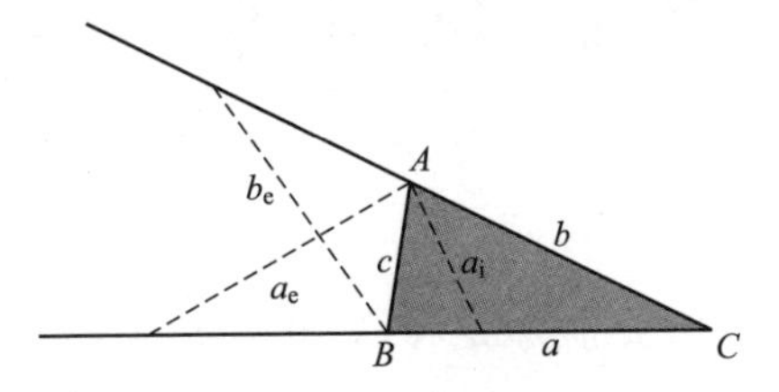

图 7－1　Heymann 问题中的三角形

因为用三角形三边长可表示出角平分线，如式（7－1）所示，三角形作图问题实质上是构建三角形三边 a，b，c。

$$\begin{cases} a_i^2=\dfrac{cb(c+b-a)(c+b+a)}{(b+c)^2} \\ a_e^2=\dfrac{cb(a+b-c)(c-b+a)}{(c-b)^2} \\ b_e^2=\dfrac{ac(a+b-c)(c+b-a)}{(c-a)^2} \end{cases} \tag{7-1}$$

由几何定理可知，若三个角平分线和 a 之间的关系是一个次数不为 2 的幂次的不可约多项式，那么 Heymann 问题的答案是否定的，即不能用尺子和圆规画出这个三角形。换句话说，如果能推导出 a，a_i，a_e，b_e之间的关系，那么就可以解决 Heymann 问题。

推导的直接方法是从方程（7－2）（从式(7－1)变形而来）中消去 b 和 c，使用符号计算技术——消元理论。

$$\begin{cases} a_i^2(b+c)^2-cb(c+b-a)(c+b+a)=0 \\ a_e^2(c-b)^2-cb(a+b-c)(c-b+a)=0 \\ b_e^2(c-a)^2-ac(a+b-c)(c+b-a)=0 \end{cases} \tag{7-2}$$

应用消元理论，从式(7－2)的三个方程中消去 b 和 c，最终需要计算一个13×13阶的矩阵(元素是变元 a，a_i，a_e和 b_e的多项式)的行列式。这个矩阵的维数非常大，直接计算将耗费大量的时间和资源。由于此例中关注的是行列式中 a 的次数，因此可令 $a_i=3$，$a_e=5$，$b_e=2$，实例化后极大地简化了计算，最终得到的行列式中 a 的次数是 20，所以 Heymann 问题的答案是否定的。一般来说，给定三个角平分线，是不能使用尺子和圆规画出这个三角形的。

借用此例，我们发现在消元过程中若只关注某些特定的关系，可以通过实例化简化符号矩阵行列式的计算。若通过实例化简化符号计算，再利用插值法恢复需要的多项式，是否可以将某些纯符号计算问题简化呢?

本章将基于隐函数插值的结式消元法应用于两个组合几何优化问题。下面通过几个著名的组合几何优化问题，说明数值化处理可简化某些复杂的甚至是无法完成的符号结式计算，再利用设计好的多个数值实例，使用隐函数插值恢复问题的目标多项式。

7.2 结式概述

7.2.1 Sylvester 结式

设 F 和 G 关于 x 的次数分别为 m 和 l，并将 F 和 G 写成如下形式：

$$\begin{aligned} F&=a_0x^m+a_1x^{m-1}+\cdots+a_{m-1}x+a_m \\ G&=b_0x^l+b_1x^{l-1}+\cdots+b_{l-1}x+b_l \end{aligned} \tag{7-3}$$

构造一个 $m+l$ 阶方阵

$$\boldsymbol{S}=\begin{bmatrix} a_0 & a_1 & \cdots & a_m & & & \\ & a_0 & a_1 & \cdots & a_m & & \\ & & \ddots & \ddots & & \ddots & \\ & & & a_0 & a_1 & \cdots & a_m \\ b_0 & b_1 & \cdots & b_l & & & \\ & b_0 & b_1 & \cdots & b_l & & \\ & & \ddots & \ddots & & \ddots & \\ & & & b_0 & b_1 & \cdots & b_l \end{bmatrix} \tag{7-4}$$

其中，空白处的元素都为 0。称该方阵为 F 和 G 关于 x 的 Sylvester 矩阵。

定义 7.1　称 Sylvester 矩阵的行列式为 F 和 G 关于 x 的 Sylvester 结式，记作 $\mathrm{Res}(F, G, x)$。

7.2.2　Bézout－Cayley 结式

在 7.2.1 节中给出了 Sylvester 结式的定义，这里将一元结式的另一构造描述如下。该构造由 E. Bézout 和 A. Cayley 首先提出，后来 A. L. Dixon 将其推广到二元情形。考虑两个一元多项式 F 和 G，它们关于 x 的次数分别为 m 和 l，这里假定 $m \geqslant l > 0$。设 α 为一个新的未定元，那么行列式

$$\Delta(x, \alpha)=\begin{vmatrix} F(x) & G(x) \\ F(\alpha) & G(\alpha) \end{vmatrix}$$

是 x 和 α 的多项式，且在 $x=\alpha$ 时为 0，因此 $x-\alpha$ 是 $\Delta(x, \alpha)$ 的因子。多项式

$$\Lambda(x, \alpha)=\frac{\Delta(x, \alpha)}{x-\alpha}$$

关于 α 的次数为 $m-1$，并且关于 x 和 α 是对称的。由于对 F 和 G 的任意公共零点 $\bar{x}$，无论 α 取值如何，$\Lambda(\bar{x}, \alpha)=0$ 都成立，所以作为 α 的多项式，Λ 的所有系数 $B_i(x)=\mathrm{coef}(\Lambda, \alpha^i)$ 在 $x=\bar{x}$ 处都为 0。

考虑下列 m 个 x 的多项式方程：

$$B_0(x)=0, \cdots, B_{m-1}(x)=0 \tag{7-5}$$

B_i 关于 x 的最高次数为 $m-1$。视式（7－5）为关于 x^{m-1}，…，x^1，x^0 的齐次线性方程组，在它的系数矩阵的行列式 R 为 0 时式（7－5）中的方程有公共解。称该 m 阶方阵的行列式 R 为 F 和 G 关于 x 的 Bézout－Cayley 结式。它与 Sylvester 结式在 $m=l$ 时恒同，而在 $m>l$ 时相差一个多余因子 $\mathrm{lc}(F, x)^{m-l}$。

7.2.3　Macaulay 多元结式

本节介绍 Macaulay 方法，它构造 n 个齐次多项式关于 n 个变元的结式，因而一次能消去多个变元。考虑一组以不定元为系数的关于变元 $x=(x_1, \cdots, x_n)$ 的 n 个齐次多项式。记 $d_i=\deg(Q_i)$，令 $d=1+\sum\limits_{i=1}^{n}(d_i-1)$，又设

$$M=\{x_1^{i1}\cdots x_n^{in} \mid i_1+\cdots+i_n=d\}$$

则

$$m=|M|=\binom{d+n-1}{n-1}$$

我们欲将每个多项式 Q_i 乘上某些合适的项来生成 m 个项、次数为 d 的 m 个方程。为此，令

$$M_1=\{\mu/x_1^{d_1} \mid x_1^{d_1} \mid \mu,\ \mu \in M\}$$
$$\vdots$$
$$M_i=\{\mu/x_i^{d_i} \mid x_i^{d_i} \mid \mu,\ \mu \in M \setminus \{x_j^{d_j}\nu_j \mid \nu_j \in M_j,\ 1 \leqslant j \leqslant i-1\}\},\ 2 \leqslant i \leqslant n$$

构造一个 m 阶方阵 $\boldsymbol{N}$ 如下：将 $\boldsymbol{N}$ 的列标上 M 中的项，又将其前 m_1 行标上 M_1 中的项，接下来的 m_2 行标上 M_2 中的项，并照此进行下去。在 M 的标有项 $\mu \in M_i$ 的行、标有 ν 的列处（对所有 $\nu \in M$），填入系数 $\mathrm{coef}(\mu Q_i,\ \nu)$（注意 $t\deg(\mu Q_i)=d$）。如此构造的矩阵 $\boldsymbol{N}$ 称为 Q_1，…，Q_n 关于 x 的 Macaulay 矩阵。

设 $\mathscr{R}_i$ 为 M_i 中那些能被至少某一行 $x_j^{d_j}$ 整除的项构成的集合，这里 $2 \leqslant i+1 \leqslant j \leqslant n$。如果所有 $\mathscr{R}_i$ 皆为空集，那么令 $\boldsymbol{R}$ 为 1 阶平凡矩阵；否则，设 $\boldsymbol{R}$ 为 $\boldsymbol{N}$ 的子矩阵，其列标有

$$\{x_i^{d_i}\mu_i \mid \mu_i \in \mathscr{R}_i,\ 1 \leqslant i \leqslant n-1\}$$

中的项，而其行标有 $\mathscr{R}_1 \cup \cdots \cup \mathscr{R}_{n-1}$ 中的项。$\boldsymbol{N}$ 的行列式关于每个 Q_i 的系数都是齐次的。假定 $\boldsymbol{R}$ 的行列式非零，定义商

$$P=\frac{\det\boldsymbol{N}}{\det\boldsymbol{R}}$$

为 Q_1，…，Q_n 关于 x 的 Macaulay 结式。

7.3 隐函数插值

假设目标函数 $r(x_1,\ \cdots,\ x_n,\ u_s)=0$ 可表示成

$$r(x_1,\ \cdots,\ x_n,\ u_s)=\sum_{k=0}^{d} p_k(x_1,\ \cdots,\ x_n)u_s^k=\sum_{k=0}^{d}\left[\sum_{j=1}^{t_{f,\ k}} c_{j,\ k}x_1^{d_{j,\ 1}}\cdots x_n^{d_{j,\ n}}\right]\cdot u_s^k=0$$

其中 $c_{j,\ k} \in K \setminus \{0\}$，$p_k=\sum_{j=1}^{t_{f,\ k}} c_{j,\ k}x_1^{d_{j,\ 1}}\cdots x_n^{d_{j,\ n}} \in K[x_1,\ \cdots,\ x_n]$。

本节给出隐函数 $r(x_1,\ \cdots,\ x_n,\ u_s)=0$ 的插值方法。通过黑盒过程，对任一点 $(\xi_1,\ \cdots,\ \xi_n) \in \Omega \subseteq K^n$，可得到单变元隐函数 $r(\xi_1,\ \cdots,\ \xi_n,\ u_s)=0$。然后基于单变元有理函数插值和稀疏多元多项式插值，恢复多元隐函数 $r(\xi_1,\ \cdots,\ \xi_n,\ u_s)=0$。

与典型的多元隐函数插值问题不同的是，对许多实际问题，$(\xi_1,\ \cdots,\ \xi_n)$ 仅从 K^n 的子集 Ω 中挑选。假设对于 $i=0,\ 1,\ \cdots,\ k$，d 是 $p_i(x_1,\ \cdots,\ x_n)$ 的次数界。因为 $r(x_1,\ \cdots,\ x_n,\ u_s)=cr(x_1,\ \cdots,\ x_n,\ u_s)=0(c \neq 0)$，可令 r 的某些项 u_s^i 的系数为 1，使得表达式 $r(x_1,\ \cdots,\ x_n,\ u_s)$ 是唯一的。例如，将 r 化为关于变量 u_s

的首一多元隐函数，有唯一的表达式：

$$r(x_1, \cdots, x_n, u_s)=\sum_{k=0}^{d-1}\frac{p_k(x_1, \cdots, x_n)}{p_d(x_1, \cdots, x_n)}u_s^k+u_s^d=0$$

根据 Cauchy-Schwarz 定理，对任意点$(\xi_1, \cdots, \xi_n)\in K^n$，$p_d(\xi_1, \cdots, \xi_n)\neq 0$是高概率的。因此，当选择一个任意点$(\xi_1, \cdots, \xi_n)\in K^n$，黑盒过程可产生单变元隐函数$r(\xi_1, \cdots, \xi_n, u_s)=0$，进一步通过将$r(\xi_1, \cdots, \xi_n, u_s)=0$化为首一的单变元隐函数，能得到一组赋值：

$$\frac{p_0(\xi_1, \cdots, \xi_n)}{p_d(\xi_1, \cdots, \xi_n)}, \cdots, \frac{p_{d-1}(\xi_1, \cdots, \xi_n)}{p_d(\xi_1, \cdots, \xi_n)}$$

因此，黑盒$r(x_1, \cdots, x_n, u_s)$的恢复过程可视为一组黑盒

$$(p_0/p_d)(x_1, \cdots, x_n), \cdots, (p_{d-1}/p_d)(x_1, \cdots, x_n)$$

的恢复过程。至此，隐函数$r(x_1, \cdots, x_n, u_s)=0$插值问题可转换为若干个多元有理函数插值问题。

如前所述，正规化的多元有理函数插值算法比一般化的算法易于理解和实现。为了简化计算，可选择一个有非零常数项的多项式$p_i(x_1, \cdots, x_n)$作为公分母：

$$r(x_1, \cdots, x_n, u_s)=\sum_{k\neq i}\frac{p_k(x_1, \cdots, x_n)}{p_i(x_1, \cdots, x_n)}u_s^k+u_s^i=0$$

在系数多项式$p_0(x_1, \cdots, x_n), \cdots, p_d(x_1, \cdots, x_n)$中，如果存在至少一个常数项非零的系数多项式，用$p_i(x_1, \cdots, x_n)$表示，就可以应用正规化算法插值恢复所有的有理函数$\frac{p_k(x_1, \cdots, x_n)}{p_i(x_1, \cdots, x_n)}=0$ $(k\neq i)$；否则，可随机选择一个系数多项式$p_i(x_1, \cdots, x_n)$，然后应用一般化的算法插值恢复有理函数$\frac{p_k(x_1, \cdots, x_n)}{p_i(x_1, \cdots, x_n)}$。无论是使用正规化的方法还是一般化的方法，目标隐函数$r(x_1, \cdots, x_n, u_s)=0$ $(k\neq i)$均可通过对$\frac{p_k(x_1, \cdots, x_n)}{p_i(x_1, \cdots, x_n)}$同时插值获得。

对于标准的隐函数插值问题，取$(\xi_1, \xi_2, \cdots, \xi_n)=(0, 0, \cdots, 0)$，黑盒返回

$$\sum_{k=0}^{d}p_k(0, 0, \cdots, 0)u_s^k=0$$

若存在某个i，$i\in\{0, 1, \cdots, d\}$，使得$p_i(0, 0, \cdots, 0)\neq 0$，则$p_i(x_1, x_2, \cdots, x_n)$的常数项非零；否则，若不存在$i$，使得$p_i(0, 0, \cdots, 0)\neq 0$，则$p_i(x_1, x_2, \cdots, x_n)$的常数项均为零。

7.4 基于隐函数插值的结式消元法

本节给出基于隐函数插值的结式消元法。首先通过给定某些变元的初始值，构造消元过程的隐函数黑盒，即输出与给定初始值相对应的单变元隐函数，然后应用隐函数插值恢复给定的多项式系统的结式。

假设 $r(x_1, \cdots, x_n, u_s)$ 有下列无平方分解形式 $r=r_1\cdots r_k$，其中

$$r_1, \cdots, r_k \in K[x_1, \cdots, x_n, u_s],\ (r_i, r_j)=1,\ i\neq j$$

令 $\xi_1, \cdots, \xi_n$ 是从 $W\subseteq K^n$ 中随机选取的元素，在 $f_1, \cdots, f_s$ 中做替换 $x_i=\xi_i$ $(1\leqslant i\leqslant n)$，可得如下的特定实例：

$$\tilde{f}_i(u_1, \cdots, u_s)=f_i(\xi_1, \cdots, \xi_n, u_1, \cdots, u_s)\in K[u_1, \cdots, u_s],\ i=1, \cdots, s$$

通过上述的消元过程，同时去除多项式组 $\tilde{f}_1, \cdots, \tilde{f}_s$ 的平凡因子，对所有 $i\neq j$，可得具有无平方分解形式 $\tilde{r}(u_s)\in K[u_s]$ $[\tilde{r}_1, \cdots, \tilde{r}_t\in K[u_s], (\tilde{r}_i, \tilde{r}_j)=1]$的最终消去式 $\tilde{r}=\tilde{r}_1, \cdots, \tilde{r}_t$。从上述讨论中，可知 $r(u_s)\mid r(\xi_1, \cdots, \xi_n, u_s)$。

接下来将证明：如果$(\xi_1, \cdots, \xi_n)$是从 W 中随机选择的，那么表达式

$$r(\xi_1, \cdots, \xi_n, u_s)=c\cdot\tilde{r}(u_s),\ c\in K\setminus\{0\}$$

的成立是高概率的。换句话说，对任意 $r(x_1, \cdots, x_n, u_s)$ 的不可约因子 $r_i(x_1, \cdots, x_n, u_s)$，$r_i(\xi_1, \cdots, \xi_n, u_s)\mid\tilde{r}(u_s)$ 成立是高概率的。

为了描述简洁，我们给出两个多元多项式情形下的高概率分析，此思想易于推广到多于两个多项式的一般情形。令 $f_1, f_2\in K[x_1, \cdots, x_n, u_1, u_2]$ 是互素的两个多项式，即 $(f_1, f_2)=1$。假设 $r(x_1, \cdots, x_n, u_2)$ 是多项式组 f_1, f_2 的消去式，$\tilde{r}(u_2)$ 是特定多项式组 $\tilde{f}_1, \tilde{f}_2$ $(\tilde{f}_1=f_1(\xi_1, \cdots, \xi_n, u_1), \tilde{f}_2=f_2(\xi_1, \cdots, \xi_n, u_1))$ 关于 u_1 的消去式。假设经过无平方分解后，消去式 $\tilde{r}(u_2)$ 可写成 $\tilde{r}=\tilde{r}_1\cdots\tilde{r}_k$ 的形式。为了保证 $r(\xi_1, \cdots, \xi_n, u_2)=c\cdot\tilde{r}(u_2)$，$(\xi_1, \cdots, \xi_n)$ 需满足下列两个条件：

(1) $\deg_{u_1}(f_1)=\deg_{u_1}(\tilde{f}_1)$，$\deg_{u_1}(\tilde{f}_2)=\deg_{u_1}(f_2)$；

(2) $(r_i(\xi_1, \cdots, \xi_n, u_2), r_j(\xi_1, \cdots, \xi_n, u_2))=1$，对所有 $i\neq j$。

根据 Cauchy—Schwarz 定理，第一个条件成立是高概率的，第二个条件可由下列引理保证。

引理 7.1 令 f，$g\in K[x_1, \cdots, x_n, u]$，$\deg(f)=d$，$\deg(g)=e$，$(f, g)=1$。令 ξ_1，…，ξ_n 为从势为 $|W|$ 的有线集 $W\subseteq K$ 中随机均匀选择的互不相同的元素。假设 $\tilde{f}=f(\xi_1, \cdots, \xi_n, u)$，$\tilde{g}=g(\xi_1, \cdots, \xi_n, u)$ 是做替换 $x_i=\xi_i(1\leqslant i\leqslant n)$ 后得到的单变元多项式，那么有如下的概率估计：

$$\text{Prob}\ ((\tilde{f}, \tilde{g})=1)\geqslant 1-\frac{2de+d+e}{|W|}$$

综上所述，Cauchy－Schwarz 定理和引理 7.1 说明 $r(\xi_1, \cdots, \xi_n, u_2)=c\cdot\tilde{r}(u_2)$ 高概率成立。而且，上述的高概率估计可推广到多于两个多项式的情形，且 $r(\xi_1, \cdots, \xi_n, u_s)=c\tilde{r}(u_s)$ 是高概率的。

对特定的多项式方程组 $\tilde{f}_1=0$，…，$\tilde{f}_s=0$，给出的结式消元过程能高概率地产生如下单变元隐函数：$cr(\xi_1, \cdots, \xi_n, u_s)=0$，$c\in K\setminus\{0\}$。这个过程可视为隐函数的黑盒构造过程，如图 7－2 所示。换句话说，一旦选定（ξ_1，…，ξ_n），隐函数黑盒和结式消元能产生单变元隐函数，此为目标消去式在选定点（ξ_1，…，ξ_n）处的特定实例。因此，计算 f_1，…，f_s 的结式可转换为隐函数插值，即最终消去式 $r(x_1, \cdots, x_n, u_s)$ 的计算问题等价于隐函数插值问题。

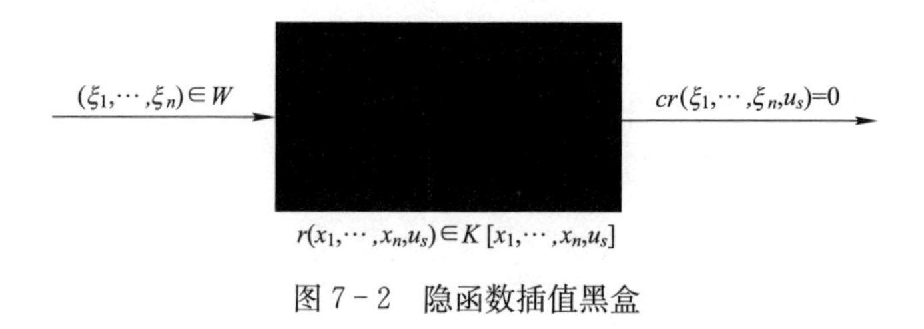

图 7－2 隐函数插值黑盒

7.5 隐函数插值在组合几何优化问题上的实例分析

7.5.1 具有共同特性的组合几何优化问题

考虑一类具有共同特性的几何问题，它们的结构如下：自由变元 x_1，…，x_k，对应于几何图形上的特定常量（如角度、长度等）；半自由变元 y_1，…，y_m，对应于可在预先选定的区域 Ω（如边）上移动的点的坐标（或其位置信息）；约束变元 z_1，…，z_n，通常是几何量（如周长、面积、体积等），满足下列方程：

$$f_i(x_1, \cdots, x_k; y_1, \cdots, y_m; z_1, \cdots, z_n)=0,\ i=1, 2, \cdots, n \quad (7-6)$$

数学规划问题定义如下：在给定可行域内（由预先选定的区域 Ω 及方程组(7－6)确定），求给定目标函数 $f_0(z_1, z_2, \cdots, z_n)$ 的全局最优解。

使用拉格朗日乘子法，求解下列方程组，可得函数 f_0 在可行域 Ω 上的全局最优解。

$$\left.\begin{aligned}&z_0-f_0(z_1,\cdots,z_n)=0\\&f_i(x_1,\cdots,x_k;y_1,\cdots,y_m;z_1,\cdots z_n)=0,\quad i=1,2,\cdots,n\\&\frac{\partial L}{\partial z_i}=0,\ i=0,1,\cdots,n\\&\frac{\partial L}{\partial y_j}=0,\ j=1,2,\cdots,m\end{aligned}\right\}\quad(7-7)$$

其中

$$L=f_0+\lambda_0(z_0-f_0)+\sum_{i=1}^{n}\lambda_i f_i$$

理论上，如果下列 $m+n+(n+1)$ 个变元 $y_1, \cdots, y_m, z_1, \cdots, z_n, \lambda_0, \lambda_1, \cdots, \lambda_n$ 可从由 $1+n+(n+1)+m$ 个方程构成的方程组（7－7）中消去，那么可得到如下形式的符号解：

$$R(x_1, \cdots, x_k, z_0)=0$$

实际上，很多几何组合优化问题在方程组（7—7）进行消元时，因为符号计算上的时间复杂度或者空间复杂度太高而无法完成。

如果选择随机点 $\xi_1, \cdots, \xi_k$，替换变元 $x_1, \cdots, x_k$，即 $x_1=\xi_1, \cdots, x_k=\xi_k$，消元的过程就有可能顺利进行。

变元 $x_1, \cdots, x_k$ 被替换成实数 $\xi_1, \cdots, \xi_k$ 后，得到方程组（7－7）的简化系统，结合消元过程，可得单变元隐函数方程 $R(\xi_1, \cdots, \xi_k, z_0)\in Q[z_0]$。因此，原组合几何优化问题的求解可转换成隐函数方程插值问题。通过一组特定的消元结果 $R(\xi_1, \cdots, \xi_k, z_0)$，使用隐函数方程插值法，可重建目标多项式 $R(x_1, \cdots, x_k, z_0)$。

7.5.2 应用实例

本节给出三个实例来阐述基于隐函数插值的结式消元法在求解组合几何优化问题上的应用。

1. 椭圆上三点构成的三角形最大周长问题

令 A，B，C 是以 a，b 为半轴的椭圆上的三个点，求 ABC 的最大周长。

解 如图 7－3 所示，令椭圆上的三点 A，B，C 的切线为 T_A，T_B，T_c，则

$$P=T_B\cap T_C,\ Q=T_C\cap T_A,\ R=T_A\cap T_B$$

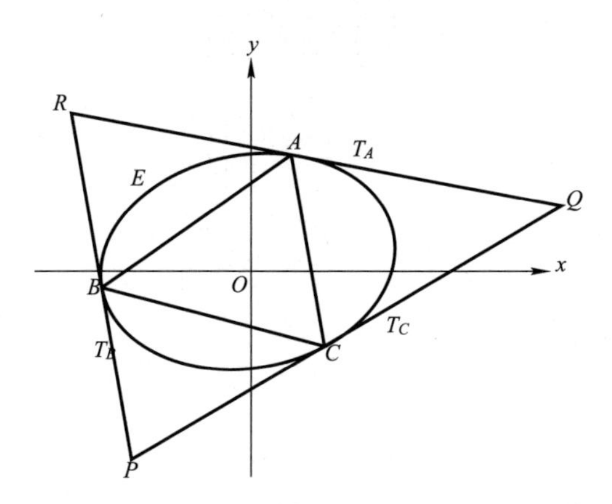

图 7-3　椭圆上三点构成的三角形最大周长问题

根据椭圆切线的性质，易证如果三角形 ABC 是具有最大周长的椭圆内接三角形，则有

$$\angle CAQ=\angle BAR,\ \angle ABR=\angle CBP,\ \angle BCP=\angle ACQ \tag{7-8}$$

假设椭圆方程为$\dfrac{x^2}{a^2}+\dfrac{y^2}{b^2}=1$，则 A，B，C 的坐标为

$$A=\left(\frac{2at_1}{1+t_1^2},\ \frac{b(1-t_1^2)}{1+t_1^2}\right),\quad B=\left(\frac{2at_2}{1+t_2^2},\ \frac{b(1-t_2^2)}{1+t_2^2}\right),$$
$$C=\left(\frac{2at_3}{1+t_3^2},\ \frac{b(1-t_3^2)}{1+t_3^2}\right),\ -\infty<t_1<t_2<t_3<+\infty$$

根据式（7-8），可得下列方程组

$$f_1=\varphi(a,\ b,\ t_2,\ t_3,\ t_1)=0$$
$$f_2=\varphi(a,\ b,\ t_3,\ t_1,\ t_2)=0$$
$$f_3=\varphi(a,\ b,\ t_1,\ t_2,\ t_3)=0$$

其中

$$\varphi(a,\ b,\ t_1,\ t_2,\ t_3)=b^2(t_2+t_3)t_1^4-2(b^2t_3t_2+b^2-2a^2)t_1^3+ 2(b^2t_3t_2+b^2-2a^2t_2t_3)t_1-b^2t_2-b^2t_3$$

因为 f_1，f_2，f_3不是线性无关的，式(7-8)不足以确定最大周长。令

$$p=BC=\sqrt{\left(\frac{2at_2}{1+t_2^2}-\frac{2at_3}{1+t_3^2}\right)^2+\left[\frac{b(1-t_2^2)}{1+t_2^2}-\frac{b(1-t_3^2)}{1+t_3^2}\right]^2}$$

$$q=CA=\sqrt{\left(\frac{2at_3}{1+t_3^2}-\frac{2at_1}{1+t_1^2}\right)^2+\left[\frac{b(1-t_3^2)}{1+t_3^2}-\frac{b(1-t_1^2)}{1+t_1^2}\right]^2}$$

$$r=AB=\sqrt{\left(\frac{2at_1}{1+t_1^2}-\frac{2at_2}{1+t_2^2}\right)^2+\left[\frac{b(1-t_1^2)}{1+t_1^2}-\frac{b(1-t_2^2)}{1+t_2^2}\right]^2}$$

可把原问题简化为如下形式

$$\begin{aligned}
&\max \quad L\\
\text{s.t.}\quad &L=p+q+r\\
&g_1=p^2(1+t_3^2)^2(1+t_2^2)^2-4(-t_3+t_2)^2[a^2(1-t_3t_2)^2+b^2(t_2+t_3)^2]=0\\
&g_2=q^2(1+t_1^2)^2(1+t_3^2)^2-4(-t_1+t_3)^2[a^2(1-t_1t_3)^2+b^2(t_3+t_1)^2]=0\\
&g_3=r^2(1+t_2^2)^2(1+t_1^2)^2-4(-t_2+t_1)^2[a^2(1-t_2t_1)^2+b^2(t_1+t_2)^2]=0\\
&f_1=b^2(t_3+t_1)t_2^4-2(b^2t_1t_3+b^2-2a^2)t_2^3+\\
&\qquad 2(b^2t_1t_3+b^2-2a^2t_1t_3)t_2-b^2t_3-b^2t_1=0\\
&f_2=b^2(t_1+t_2)t_3^4-2(b^2t_1t_2+b^2-2a^2)t_3^3+2(b^2t_1t_2+\\
&\qquad b^2-2a^2t_1t_2)t_3-b^2t_1-b^2t_2=0\\
&-\infty<t_1,\ t_2,\ t_3<+\infty
\end{aligned}$$

令

$f_0(L, a, b, t_1, t_2, t_3)$：$=$resultant(resultant(resultant($L-p-q-r$, g_1, p), g_2, q), g_3, r)

那么此优化问题可转化为

$$\begin{aligned}
&\max \quad L\\
\text{s.t.}\quad &f_0(L, a, b, t_1, t_2, t_3)=0\\
&\begin{cases}f_1(a, b, t_1, t_2, t_3)=0\\ f_2(a, b, t_1, t_2, t_3)=0\\ -\infty<t_1, t_2, t_3<+\infty\end{cases}
\end{aligned}$$

根据拉格朗日乘子法，对于任意给定的正整数 a，b，可知最大周长 L 和参数（t_1，t_2，t_3）由下列方程组确定

$$\begin{cases}f_{-1}(L, a, b, t_1, t_2, t_3)=0\\ f_0(L, a, b, t_1, t_2, t_3)=0\\ f_1(a, b, t_1, t_2, t_3)=0\\ f_2(a, b, t_1, t_2, t_3)=0\end{cases} \tag{7-9}$$

其中

$$f_{-1}(L, a, b, t_1, t_2, t_3)=\begin{vmatrix} 1 & \dfrac{\partial f_0}{\partial L} & \dfrac{\partial f_1}{\partial L} & \dfrac{\partial f_2}{\partial L} \\ 0 & \dfrac{\partial f_0}{\partial t_1} & \dfrac{\partial f_1}{\partial t_1} & \dfrac{\partial f_2}{\partial t_1} \\ 0 & \dfrac{\partial f_0}{\partial t_2} & \dfrac{\partial f_1}{\partial t_2} & \dfrac{\partial f_2}{\partial t_2} \\ 0 & \dfrac{\partial f_0}{\partial t_3} & \dfrac{\partial f_1}{\partial t_3} & \dfrac{\partial f_2}{\partial t_3} \end{vmatrix}=0$$

如果 t_1，t_2，t_3能从方程组（7—9）中消去，椭圆内接三角形最大周长 L 与半轴 a，b 之间的关系可表示成多变元隐函数方程 $R(L, a, b)=0$ 的形式。

在隐函数方程插值应用于此问题之前，Chen 等学者在其论文（并行计算矩阵行列式）中讨论了该问题的求解，消元的过程结合了 Bjorck 和 Pereyra 给出的算法及多元多项式的并行牛顿插值法。消元的结果是 6 个多项式 r_0，r_1，…，r_5的乘积，其中

$$r_0=(a-b)^2(a+b)^2L^4-8(-b^2+2a^2)(-2b^2+a^2)(a^2+b^2)L^2-432a^4b^4$$
$$r_1=(a-b)^2(a+b)^2L^4-8(-2b^2+a^2)(3b^4-3b^2a^2+2a^2)L^2-48a^4b^4$$

而多项式 r_2，r_3，r_4，r_5关于 L 的次数分别是 28，32，210，336。

注意：如果把 a，b 视为符号参数，消元的过程在机群环境下无法完成，而当 a，b 被替换成特定的有理数后，消元的过程可在一台个人计算机上完成。

例如，当 $a=3$，$b=4$ 时，可得隐函数方程 $R(L, 3, 4)=0$，其中

$$R(L, 3, 4)=49\,L^4-9\,200\,L^2-8\,957\,952$$

继续进行上述过程，选取不同的特定元素替换 a，b，可得到更多的实例。为了简洁明了，我们写成了因式分解的形式，

$$\begin{cases} R(L, 11, 7)=5\,184\,L^4+6\,037\,040\,L^2-432\times(11\times 7)^4 \\ R(L, 17, 13)=14\,400\,L^4-73\,430\,224\,L^2-432\times(17\times 13)^4 \\ R(L, 31, 29)=14\,400\,L^4-11\,235\,844\,816\,L^2-432\times(31\times 29)^4 \\ R(L, 41, 37)=97\,344\,L^4-51\,401\,064\,400\,L^2-432\times(41\times 37)^4 \\ R(L, 47, 43)=129\,600\,L^4-124\,182\,623\,824\,L^2-432\times(47\times 43)^4 \\ R(L, 71, 67)=304\,704\,L^4-1\,678\,777\,429\,840\,L^2-432\times(71\times 67)^4 \\ R(L, 97, 83)=6\,350\,400\,L^4-6\,795\,327\,365\,584\,L^2-432\times(97\times 83)^4 \end{cases}$$

Chen 和 Zeng 的论文中得到了 6 个多项式 r_0，r_1，…，r_5的乘积，其中 r_1，…，r_5是无关的，它们在消元过程中因没有实根而被消除。

隐函数插值法使用的插值点个数为 153，从单变元隐函数方程重构黑盒中的多项式，算法耗时 25.7 h，得到如下结果：

$$R(L, a, b)=L^4a^4-2L^4a^2b^2+L^4b^4-24L^2a^4b^2-24L^2a^2b^4+16L^2a^6+16L^2b^6-432a^4b^4$$

2. Morley 三等分定理

下面介绍著名的 Morley 三等分定理。在任意三角形 ABC 中，分别三等分 $\angle A$、$\angle B$ 和 $\angle C$，相邻边交于点 P，Q，R，如图 7-4 所示。

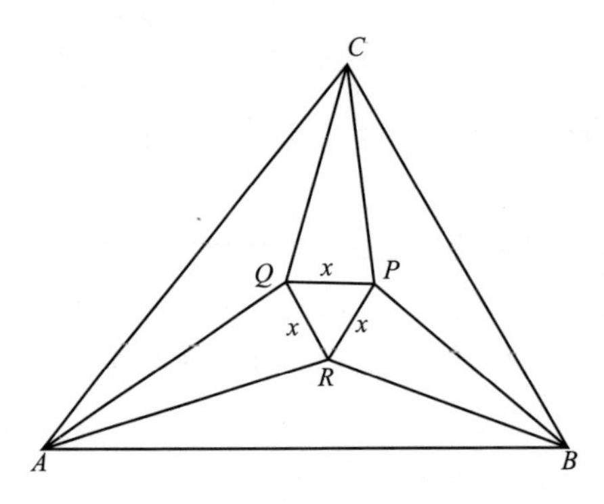

图 7-4　Morley 定理

令 $a=BC$，$b=CA$，$c=AB$，$x=PQ=QR=RP$，求 x 和 a，b，c 之间的关系。从 Weisstein 的文章中可知

$$x=8R\sin\left(\frac{1}{3}A\right)\sin\left(\frac{1}{3}B\right)\sin\left(\frac{1}{3}C\right)$$

其中，R 是三角形 ABC 的外接圆半径。有如下方程组

$$\begin{cases} R=\dfrac{abc}{4S} \quad \left(S=\dfrac{1}{4}\sqrt{(a+b+c)(a+b-c)(a-b+c)(b+c-a)}\right) \\ \dfrac{a}{2R}=3\sin\left(\dfrac{1}{3}A\right)-4\sin^3\left(\dfrac{1}{3}A\right) \\ \dfrac{b}{2R}=3\sin\left(\dfrac{1}{3}B\right)-4\sin^3\left(\dfrac{1}{3}B\right) \\ \dfrac{c}{2R}=3\sin\left(\dfrac{1}{3}C\right)-4\sin^3\left(\dfrac{1}{3}C\right) \end{cases}$$

如果消去变元 $\sin\left(\frac{A}{3}\right)$，$\sin\left(\frac{B}{3}\right)$，$\sin\left(\frac{C}{3}\right)$ 和 R，可得到关于变元 x，a，b，c 的多项式。通过隐函数方程插值可重构目标多项式 $f(x, a, b, c)$。令 a，b，c 是三个正有理数，满足

$$a<b+c,\quad b<c+a,\quad c<a+b \tag{7-10}$$

令 $p=\sin\left(\frac{A}{3}\right)$，$q=\sin\left(\frac{B}{3}\right)$，$r=\sin\left(\frac{C}{3}\right)$，可得如下方程组

$$\begin{cases} 4Sx-8abcpqr=0 \\ 2abc(3p-4p^3)-4Sa=0 \\ 2abc(3q-4q^3)-4Sb=0 \\ 2abc(3r-4r^3)-4Sc=0 \end{cases}$$

其中

$$S=\frac{1}{4}\sqrt{(a+b+c)(a+b-c)(a-b+c)(b+c-a)}$$

如果将 a，b，c 替换成满足式（7-10）的有理数 ξ_1，ξ_2，ξ_3，可消去上述方程组中的变元 p，q，r，得到多项式 $f(\xi_1, \xi_2, \xi_3)$。这个过程可视为隐函数方程黑盒构造过程。即当 ξ_1，ξ_2，ξ_3 替换变元 p，q，r 后，黑盒将产生对应的隐函数方程的实例。例如，

$$f(x, 3, 5, 7)=x^{27}-1\,764x^{25}+945x^{24}+\cdots-3^{10}5^8 7^{10}x+(3\times5\times7)^9=0$$

在此例中，需要使用 1 473 个插值点，模为 $10^{20}+39$，耗时 803.5s，得到的最终目标隐函数方程为

$$f(x, a, b, c)=40a^{12}b^{12}c^2x^{27}-179\,730a^6b^8c^8x^{21}+\cdots-$$
$$1\,038\,825a^{10}b^8c^8x^{17}+a^9b^9c^{25}=0$$

注意到 f 的总数 $t\deg f=43$，$f(x, a, b, c)$系数的最大规模 D 为 22，其中 D 的计算方法是多项式 f 的系数的最大值取以 2 为底的对数后向上取整。

3. 三角形三边上的点构成的三角形最小周长问题

令三角形的边长分别为 $AB=c$，$BC=a$，$CA=b$。假设三角形 ABC 三边上的三点 P，Q，R 将三角形 ABC 的周长平分为三份，求三角形 PQR 的最小周长，如图 7-5 所示。

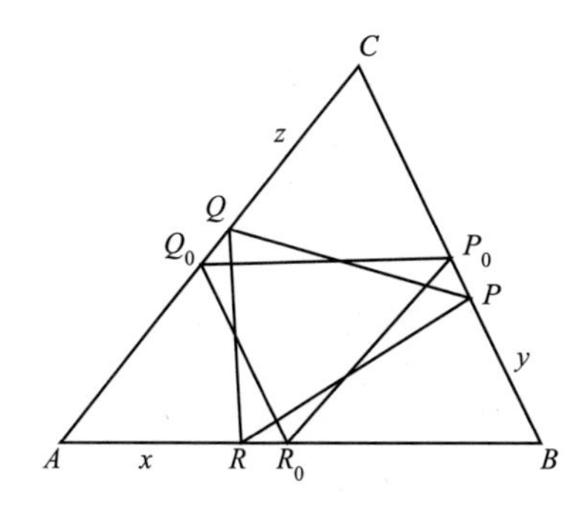

图 7-5　三角形三边上的点构成的三角形最小周长问题

针对此问题，如果 P，Q，R 中的两点约束在三角形 ABC 的一条边上，例如 P，$Q\in BC$，那么

$$\mathrm{per}(PQR)>2PQ=\frac{2}{3}\mathrm{per}(ABC)$$

这里 per(·) 表示三角形的周长。易证在此情形下三角形 PQR 的周长不是最小的。从 Zira k zadeh 的文章中可知三角形 PQR 的最小周长总是等于或大于 $(a+b+c)/2$。因此，不失一般性，假设 $P\in BC$，$Q\in CA$，$R\in AB$。令 $x=AR$，$y=BP$，$z=CQ$，$u=QR$，$v=RP$，$w=PQ$，那么

$$\left.\begin{aligned}&L=u+v+w\\&y=\frac{1}{3}(a+b+c)-c+x\\&z=b-\frac{1}{3}(a+b+c)+x\end{aligned}\right\}\tag{7-11}$$

并且

$$\left.\begin{aligned}&p_1:\ u^2=x^2+\left(\frac{a+b+c}{3}-x\right)^2-2x\left(\frac{a+b+c}{3}-x\right)\cdot\frac{b^2+c^2-a^2}{2bc}\\&p_2:\ v^2=y^2+\left(\frac{a+b+c}{3}-y\right)^2-2y\left(\frac{a+b+c}{3}-y\right)\cdot\frac{c^2+a^2-b^2}{2ca}\\&p_3:\ w^2=z^2+\left(\frac{a+b+c}{3}-z\right)^2-2z\left(\frac{a+b+c}{3}-z\right)\cdot\frac{b^2+a^2-c^2}{2ab}\end{aligned}\right\}\tag{7-12}$$

将式（7-11）代入式（7-12），消去变元 y，z，通过计算结式

$$p_0=\mathrm{Res}(\mathrm{Res}(\mathrm{Res}(L-u-v-w,\ p_1',\ u),\ p_2',\ v),\ p_3',\ w)$$

其中

$$p_i'=\mathrm{subs}(\{y=\frac{1}{3}(a+b+c)-c+x,\ z=b-\frac{1}{3}(a+b+c)+x\},\ p_i),\ i=1,\ 2,\ 3$$

可消去变元 u，v，w。subs({ }，p_i)表示在多项式 p_i 中进行变元替换，即 p_i'为 p_i 用$\frac{1}{3}(a+b+c)-c+x$ 替换 y，用 $b-\frac{1}{3}(a+b+c)+x$ 替换 z 的结果。

p_0是关于变元 L，x，a，b，c 的多项式，次数分别是 8，8，16，16，20。对边长设定为 $AB=c$，$BC=a$，$CA=b$ 的任意三角形 ABC，将 ABC 周长平分为三份的三角形 PQR 的最小周长 L 满足下列方程

$$q_0=\frac{\partial q_0}{\partial x}(L,\ x,\ a,\ b,\ c)=0$$

这意味着目标多项式 $r(L,\ a,\ b,\ c)$ 是下列结式的一个因子

$$r=\mathrm{Res}(p_0,\ q_0,\ x)$$

如果把 a，b，c 视为变元，计算符号结式 r 的过程无法完成。如果使用多元多项式插值法，最终的结式 $R'=r_0^{12}\cdot r_1^2\cdot r_2^2\cdot r_3^2\cdot r_4^2\cdot r_5^1$ 是关于 L 的多项式，且 r_0，r_1，r_2，r_3，r_4 关于变元 L 的次数分别是 1，2，2，4，4，R' 关于变元 L 的总次数是 56。

如果采用隐函数方程结式消元法，用有理数替换变元 a，b，c，可以极大地降低结式 $r(L,\ a,\ b,\ c)$ 的计算复杂度。例如，对于 $a=5$，$b=6$，$c=7$，有

$$\begin{aligned}r(L,\ 5,\ 6,\ 7)=&L(7L^2-144)(5L^2-288)(7L^2-2\,232L^2+12\,960)\\&(5L^4-4\,464L^2+72\,576)(c_{10}L^{20}+c_9L^{18}+\cdots+c_1L^2+c_0)=0\end{aligned}$$

其中，c_{10}，c_9，…，c_1，c_0 是如下整数：

$$\begin{aligned}&c_{10}=78\,815\,638\,671\,875\\&c_9=-10\,232\,521\,775\,000\,000\\&\vdots\\&c_0=4\,152\,737\,911\,250\,198\,261\,170\,962\,432\end{aligned}$$

在 r 的表达式中，前 5 个次数小于 5 的因子在区间 $[(a+b+c)/2,\ 2(a+b+c)/3]$ 上没有实根，因此为了恢复 $r(L,\ a,\ b,\ c)$，只关注次数最高的因子，即 $r(L,\ a,\ b,\ c)=c_{10}L^{20}+c_9L^{18}+\cdots+c_0$。与前面两个实例一样，通过用有理数替换变元 a，b，c 来构造隐函数方程黑盒。此例中，模设置为 $10^{50}+151$，通过2 253个插值点，耗时 10.5 h 得到了目标隐函数方程 $r(L,\ a,\ b,\ c)$：

$$r(L,\ a,\ b,\ c)=c_{10}a^{29}b^9cL^{20}+\cdots+c_0a^{21}b^{14}c^4=0$$

其中

$$c_{10}=\frac{12\,109\,375}{2\,137\,450\,604\,396\,544},\quad c_0=\frac{1\,424\,329\,963\,068\,494\,511\,787\,394\,159}{31\,104}$$

注意到 $r(L,\ a,\ b,\ c)$ 的系数的最大规模 D 是 68，r 的最高次数为 59。

参考文献

[1] ARIYAVISITAKUL S, SOLLENBERGER N R, GREENSTEIN L J. Tap - selectable decision - feedback equalization [J] . IEEE Transactions on Communications, 2002, 45 (12): 1497 - 1500.

[2] ARNOLD A, GIESBRECHT M, ROCHE D S. Faster sparse multivariate polynomial interpolation of straight - line programs [J] . Journal of Symbolic Computation, 2016 (75): 4 - 24.

[3] BAKER G A, GRAVES - MORRIS P, Padé approximants, 2nd Edition, Encyclopedia of Mathematics and Its Applications [M] . Cambridge: Cambridge University Press, 1996.

[4] CUYT A, LEE W S. Sparse Interpolation and Rational Approximation [M] . Modern Trends in Constructive Function Theorg. 2016.

[5] BRIANI M, CUYT A, LEE W S. Sparse Interpolation, the FFT Algorithm and FIR Filters [J] . International Workshop on Computer Algebra in Scientific Computing, 2017, 27 - 39.

[6] BRIANI M, CUYT A LEE W S. Sparse Interpolation, the FFT Algorithm and FIR Filters [C] . International Workshop on Computer Algebra in Scientific Computing. 2017, 27 - 39.

[7] BROWN W S, TRAUB J F. On Euclid's algorithm and the theory of subresultants [J] . Journal of the ACM, 1971, 18 (4): 505 - 514.

[8] BROWN W S. On Euclid' s algorithm and the computation of polynomial greatest common divisors [J] . Journal of the ACM, 1971, 18 (4): 478 - 504.

[9] BRENT R, GUSTAVSON F, et al. Fast solution of Toeplitz systems of equations and computation of Padé approximants [J] . Journal of Algorithms, 1980, 1 (3): 259 - 295.

[10] CANDES E J, WAKIN M B. An introduction to compressive sampling [J] . IEEE Signal Processing Magazine, 2008, 25 (2): 21 - 30.

[11] CANDES E J. Mathematics of sparsity (and a few other things) [C] . Proceedings of the International Congress of Mathematicians. South Korea: Seoul. 2014: 1 - 27.

[12] CHAR B W, GEDDES K O, GONNET G H. GCDHEU: heuristic polynomial GCD algorithm based on integer GCD computation [J] . Journal of Symbolic Computation. 1989, 7 (1): 31 - 48.

[13] 陈恭亮 . 信息安全数学基础 [M] . 北京：清华大学出版社，2014.

[14] CHEN L Y, ZENG Z B. Parallel computation of determinants of matrices with multivariate polynomial entries [J] . Science China, 2013, 56 (11): 1 - 16.

[15] CHKIFA A, COHEN A, SCHWAB C. High - dimensional adaptive sparse polynomial interpolation and applications to parametric PDEs [J] . Foundations of Computational Mathematics, 2014, 14 (4): 601 - 633.

[16] COLLINS G E. Subresultants and reduced polynomial remainder sequences [J] . Journal of the ACM, 1967, 14 (1): 128 - 142.

[17] COTTER S F, RAO B D. Sparse channel estimation via matching pursuit with application to equalization [J] . IEEE Transactions Wireless Communications, 2002, 50 (3): 374 - 377.

[18] COHEN A, DEVORE R, SCHWAB C. Analytic regularity and polynomial approximation of parametric and stochastic elliptic PDEs [J] . Analysis and Applications, 2011, 9 (1): 11 - 47.

[19] CUYT A, LEE W S. Sparse interpolation of multivariate rational functions [J] . Theoretical Computer Science, 2011, 412 (16): 1445 - 1456.

[20] CUYT A, LEE W S. Sparse interpolation and rational approximation [M] . Modern Trends in Constructive Function Theory. 2016.

[21] CUYT A, LEE W S. Multivariate exponential analysis from the minimal number of samples [J] . Advances in Computational Mathematics, 2018, 44: 987 - 1002.

[22] 邓国强，唐敏，张永燊 . 一种基于竞争策略的稀疏多元多项式插值算法 [J] . 系统科学与数学，2018，38 (12)：1436 - 1448.

[23] 邓国强，唐敏，梁状昌 . 求解稀疏多元多项式插值问题的分治算法 [J] . 计算机科学，2019，46 (5)：298 - 303.

[24] DOOSTAN A, OWHADI H. A non - adapted sparse approximation of PDEs with stochastic inputs [J] . Journal of Computational Physics, 2011, 230 (8): 3015 - 3034.

[25] FAN Q L, ZHANG Y F, BAO F X, et al. Rational function interpolation algorithm based on parameter optimization [J] . Journal of Computer - aided Design & Computer Graphics: 2016, 28 (11): 2034 - 2042.

[26] FEVRIER I J, GELFAND S B, FITZ M P. Reduced complexity decision fee-

dback equalization for multipath channels with large delay spreads [J] . IEEE Transactions on Communications, 1999, 47 (6): 927 - 937.

[27] GIESBRECHT M, LABAHN G, LEE W S. Symbolic - numeric sparse interpolation of multivariate polynomials (extend abstract) [J] . Journal of Symbolic Computation, 2009, 44 (8): 943 - 959.

[28] HAO Z, ZHI L. Numerical sparsity determination and early termination [C] . ACM on International Symposium on Symbolic and Algebraic Computation. Waterloo ON Canada: ACM, New York, USA. 2016: 247 - 254.

[29] HU J, MONAGAN M. A Fast Parallel Sparse Polynomial GCD Algorithm [C] . ACM on International Symposium on Symbolic and Algebraic Computation. Waterloo ON Canada: ACM, New York, USA. 2016: 271 - 278.

[30] HUANG Q L. An improved early termination sparse interpolation algorithm for multivariate polynomials [J] . Journal of Systems Science & Complexity, 2018, 31 (2): 539 - 551.

[31] INOUE S, SATO Y. On the parallel computation of comprehensive Gröbner systems [C] . International Workshop on Parallel Symbolic Computation. ACM, 2007: 99 - 101.

[32] ISTRATOV A A, VYVENKO O F. Exponential analysis in physical phenomena [J] . Review of Scientific Instruments. 1999, 70 (2): 1233 - 1257.

[33] ISTRATOV A A, VYVENKO O F. Exponential analysis in physical phenomena [J] . Review of Scientific Instruments, 1999, 70 (2): 1233 - 1257.

[34] JAVADAI S M M, MONAGAN M. A sparse modular GCD algorithm for polynomials over algebraic function fields [C] . Proceedings of the 2007 International Symposium Symbolic and Algebraic Computation. Waterloo Ontario Canada: ACM, New York, USA. 2007: 187 - 194.

[35] JAVAD S M M, MONAGAN M. Parallel sparse polynomial interpolation over finite fields [C] . Proceedings of the 4th International Workshop on Parallel and Symbolic Computation. Grenoble France: ACM, New York, USA. 2010: 160 - 168.

[36] JAVADI S M M, MICHAEL M. Parallel Sparse Polynomial Interpolation over Finite Fields [C] . Proceedings of the 4th International Workshop on Parallel and Symbolic Computation. Grenoble France: ACM, New York, USA. 2010: 160 - 168.

[37] JOSZ C, LASSERRE J B, MOURRAIN B. Sparse polynomial interpolation: Sparse recovery, super - resolution, or Prony [J] . Advances in Computational Mathematics, 2019, 45: 1401 - 1437.

[38] KALTOFEN E. Greatest common divisors of polynomials given by straight - line programs [J] . Journal of the ACM. 1988, 35 (1): 231 - 264.

[39] KALTOFEN E, Lakshman Y N. Improved sparse multivariate polynomial interpolation algorithms [C] . Proceedings of the International Symposium on Symbolic and Algebraic Computation. Rome, Italy. 1988: 467 - 474.

[40] KALTOFEN E, TRAGER B M. Computing with polynomials given by black boxes for their evaluations: Greatest common divisors, factorization, separation of numerators and denominators [J] . Journal of Symbolic Computation, 1990, 9 (3): 301 - 320.

[41] KALTOFEN E, LAKSHMAN Y N, WILEY J - M. Modular rational sparse multivariate polynomial interpolation [C] . Proceedings of the International Symposium on Symbolic and Algebraic computation. Tokyo Japan: ACM, New York, USA. 1990: 135 - 139.

[42] KALTOFEN E, LEE W S, LOBO A A. Early termination in Ben - Or/Tiwari sparse interpolation and a hybrid of Zippel's algorithm [C] . Proceedings of the International Symposium on Symbolic and Algebraic Computation. St Andrews Scotland, United Kingdom: ACM New York, USA. 2000: 192 - 201.

[43] KALTOFEN E, LEE W S. Early termination in sparse interpolation algorithms [M] . Academic Press, Inc. 2003.

[44] KALTOFEN E, LEE W S. Early termination in sparse interpolation algorithms [J] . Journal of Symbolic Computation, 2003, 36 (3 - 4): 365 - 400.

[45] KALTOFEN E, YANG Z F. On exact and approximate interpolation of sparse rational functions [C] . Proceedings of the International Symposium on Symbolic and Algebraic Computation. Waterloo Ontario Canada: ACM, New York, USA. 2007: 203 - 210.

[46] KALTOFEN E. Fifteen years after DSC and WLSS2 what parallel computation I do today [C] . Proceedings of the 4th International Workshop on Parallel Symbolic Computation. Grenoble France: ACM, New York, USA. 2010: 10 - 17.

[47] KALTOFEN E, YANG Z. Sparse multivariate function recovery with a small number of evaluations [J] . Journal of Symbolic Computation, 2016, 75: 209 - 218.

[48] KINCAID D, CHENEY W. 数值分析：原书第 3 版 [M] . 王国荣，俞耀明，徐兆亮，译. 北京：机械工业出版社，2005.

[49] KLEINE J D, MONAGAN M, WITTKOPF A. Algorithms for the non - monic case of the sparse modular GCD algorithm [C] . Proceedings of the

2005 International symposium on Symbolic and Algebraic Computation. Beijing China：ACM，New York，USA. 2005：124 - 131.

[50] KOCIC M，BRADY D，STOJANOVIC M. Sparse equalization for real - time digital underwater acoustic communications [C] . Challenges of Our Changing Global Environment. Oceans' 95 Mts/IEEE，1995：1417 - 1422.

[51] KOZEN D C. The design and analysis of algorithms [C] . Springer Science & Business Media. New York，USA. 2012：181 - 190.

[52] 林东岱，武永卫，杨宏 . 并行多项式最大公因子计算 [C] . 2003 中国计算机大会，900 - 905.

[53] 刘一方，张云峰，郭强 . 人眼视觉感知模型指导的有理函数图像插值 [J] . 西安电子科技大学学报（自然科学版），2016，43（1）：151 - 156.

[54] LUSTIG M，SANTOS J M，DONOHO D L. kt SPARSE：High frame rate dynamic MRI exploiting spatio - temporal sparsity [J] . Proc. annu. meeting Ismrm，2006，50：2003.

[55] LUSTING M，DONOHO D，PAULY J M. Sparse MRI：the application of compressed sensing for rapid MR imaging [J] . Magnetic Resonance in Medicine. 2007，58（6）：1182 - 1195.

[56] MASSEY J. L. Shift - register synthesis and BCH decoding [J] . IEEE Transactions on Information Theory，1969，15（1），122 - 127.

[57] MATHEWS J H，FINK K D. Numerical Methods Using Matlab [M] . New York：Pearson，2004：365 - 389.

[58] MONAGAN M，WONG A. Fast Parallel Multi - point Evaluation of Sparse Polynomials [C] . Proceedings of the International Workshop on Parallel Symbolic Computation. Kaiserslautern Germany：ACM，New York，USA. 2017：1 - 7.

[59] MURAO H，FUJISE T. Modular algorithm for sparse multivariate polynomial interpolation and its Parallel Implementation [J] . Journal of Symbolic Computation，1996，21（4 - 6）：377 - 396.

[60] PILLAI S U，LIANG B. Blind image deconvolution using a robust GCD approach [J] . IEEE Transactions on Image Processing A Publication of the IEEE Signal Processing Society，1999，8（2）：295 - 301.

[61] QIU W，HUA Y. A GCD Method for blind channel identification [J] . Digital Signal Processing，1997，7（3）：199 - 205.

[62] QIU W，SKAFIDAS E. Robust estimation of GCD with sparse coefficients [J] . Signal Processing，2010，90（3）：972 - 976.

[63] SATO Y，NAGAI A，INOUE S. On the computation of elimination ideals

of Boolean polynomial rings [J] . Computer Mathematics, Springer - Verlag, 2008: 334 - 348.

[64] SCHWARTZ J T. Fast probabilistic algorithms for verification of polynomial identities [J] . Journal of the ACM (JACM), 1980, 27 (4): 701 - 717.

[65] SCHREIBER W F. Advanced television systems for terrestrial broadcasting: Some problems and some proposed solutions [J] . Proceedings of the IEEE, 2002, 83 (6): 958 - 981.

[66] TANG M, YANG Z F, ZENG Z B. Resultant elimination via implicit equation interpolation [J] . Journal of Systems Science and Complexity, 2016, 29 (5): 1411 - 1435.

[67] TANG M, YANG Z F, ZENG Z B. Resultant Elimination via Implicit Equation Interpolation [J] . Journal of Systems Science and Complexity. 2016, 29 (5): 1411 - 1435.

[68] TANG M, DENG G Q. An Improved Algorithm for Multivariate Polynomial Interpolation [C] . The 2nd Asia - Pacific Computer Science and Application Conference, MATEC Web of Conferences, Bangkok, Thailand, 2017, 125: 1094 - 1103.

[69] 唐敏 . 基于稀疏插值的多项式代数算法及其应用 [D] . 上海: 华东师范大学, 2017.

[70] 唐敏, 邓国强 . 有限域上稀疏多元多项式插值算法 [J] . 计算机科学与探索, 2019, 13 (2): 350 - 360.

[71] TING M, RAICH R, III A O H. Sparse Image Reconstruction for Molecular Imaging [J] . IEEE Transactions on Image Processing: a Publication of the IEEE Signal Processing Society, 2009, 18 (6): 1215 - 1227.

[72] VAN DER HOEVEN J, LECERF G. On the bit - complexity of sparse polynomial and series multiplication [J] . Journal of Symbolic Computation, 2013, 50 (3): 227 - 254.

[73] 王东明, 牟晨琪, 李晓亮 . 多项式代数 [M] . 北京: 高等教育出版社, 2010.

[74] 王东明, 夏壁灿, 李子明 . 计算机代数 [M] . 北京: 清华大学出版社, 2007.

[75] WANG P S. The EEZ - GCD algorithm [J] . ACM SIGSAM Bulletin, 1980, 14 (2): 50 - 60.

[76] WANG P S. Parallel univariate polynomial factorization on shared - memory multiprocessors [C] . Proceedings of the international symposium on Symbolic and algebraic computation. Tokyo Japan: ACM, New York,

USA. 1990: 145 - 151.

[77] WANG P S. Parallel Polynomial Operations on SMPs: an Overview [J] . Journal of Symbolic Computation. 1996, 21 (4 - 6): 397 - 410, 1996.

[78] WU Y W, YANG G W, YANG H, et al. A distributed Computing Models for Wu' s Method [J] . Journal of Software. 2005, 16 (3): 384 - 391.

[79] 张树功，雷娜，刘停战. 计算机代数基础—代数与符号计算的基本原理 [M] . 北京：科学出版社，2005.

[80] ZIPPEL R. Probabilistic algorithms for sparse polynomials [J] . International Symposium on Symbolic and Algebraic Manipulation, 1979: 216 - 226.

[81] ZIPPEL R. Interpolating polynomials from their values [J] . Journal of Symbolic Computation, 1990, 9 (3): 375 - 403.